Yerkin Aibassov
Nurbek Yensebayev
Galimzhan Gabdreshov

Codificação molecular: Um dispositivo para cegos e deficientes auditivos

Yerkin Aibassov
Nurbek Yensebayev
Galimzhan Gabdreshov

Codificação molecular: Um dispositivo para cegos e deficientes auditivos

ScienciaScripts

Imprint
Any brand names and product names mentioned in this book are subject to trademark, brand or patent protection and are trademarks or registered trademarks of their respective holders. The use of brand names, product names, common names, trade names, product descriptions etc. even without a particular marking in this work is in no way to be construed to mean that such names may be regarded as unrestricted in respect of trademark and brand protection legislation and could thus be used by anyone.

Cover image: www.ingimage.com

This book is a translation from the original published under ISBN 978-620-8-01218-2.

Publisher:
Sciencia Scripts
is a trademark of
Dodo Books Indian Ocean Ltd. and OmniScriptum S.R.L publishing group

120 High Road, East Finchley, London, N2 9ED, United Kingdom
Str. Armeneasca 28/1, office 1, Chisinau MD-2012, Republic of Moldova, Europe
Printed at: see last page
ISBN: 978-620-8-19366-9

Conteúdo

Introdução

A codificação molecular da mente é uma das áreas mais complexas e intrigantes da neurociência moderna. Diz respeito ao estudo da forma como as moléculas e os processos bioquímicos no cérebro formam a base das experiências conscientes, da cognição e da perceção. A questão de saber como os sinais bioquímicos e os mecanismos moleculares podem conduzir a fenómenos tão complexos como a consciência continua a ser um dos principais desafios da ciência.

O conceito de codificação molecular sugere que a consciência não é algo separado do substrato material do cérebro, mas que surge da interação de muitas moléculas, tais como neurotransmissores, hormonas, receptores e canais iónicos. Estas moléculas estão envolvidas na transmissão e processamento de sinais em redes neuronais, regulando uma variedade de estados mentais - desde sensações e emoções básicas a processos de pensamento complexos.

O estudo da base molecular da mente requer uma abordagem interdisciplinar que incorpore conhecimentos de bioquímica, biologia molecular, neurociência, psicologia e mesmo filosofia. Esta direção não só ajuda a compreender a natureza da consciência humana, como também abre novas perspectivas para o desenvolvimento de métodos de tratamento de perturbações mentais, melhorando as funções cognitivas e criando interfaces cérebro-computador.

A introdução ao estudo da codificação molecular da mente leva-nos à necessidade de compreender como as substâncias químicas podem "codificar" a experiência subjectiva e quais os mecanismos subjacentes à transição do nível molecular para a perceção consciente da realidade.

O objetivo deste trabalho é investigar os mecanismos de codificação química no cérebro, para determinar de que forma diferentes substâncias químicas afectam o funcionamento das redes neuronais e estão associadas a processos cognitivos, e Propusemos a hipótese da codificação química da mente, segundo a qual os químicos no cérebro actuam não só como transmissores de informação, mas também como codificadores de padrões específicos de atividade neuronal associados ao pensamento e ao comportamento conscientes. De acordo com esta hipótese, diferentes combinações de neurotransmissores e respectivas concentrações podem codificar estados cognitivos e respostas emocionais específicos. Isto sugere que as alterações na composição química do cérebro podem levar a alterações no pensamento, na perceção e no comportamento, abrindo também novas vias para o tratamento de perturbações mentais através da atuação sobre estes processos químicos.

I. O cérebro

O cérebro é o órgão central do sistema nervoso humano e, juntamente com a espinal medula, constitui o sistema nervoso central. O cérebro é constituído pelo cérebro, o tronco cerebral e o cerebelo. Controla a maior parte das actividades do corpo, processando, integrando e coordenando a informação que recebe dos órgãos dos sentidos e tomando decisões quanto às instruções enviadas para o resto do corpo.

O cérebro é um órgão complexo que controla o pensamento, a memória, as emoções, o tato, as capacidades motoras, a visão, a respiração, a temperatura, a fome e todos os processos que regulam o nosso corpo. Em conjunto, o cérebro e a espinal medula que se estende a partir dele constituem o sistema nervoso central, ou SNC.

O cérebro é o órgão central do sistema nervoso e desempenha muitas funções, incluindo o processamento de informações, acções de controlo e regulação de órgãos. Os processos bioquímicos no cérebro incluem a transmissão de impulsos nervosos, a síntese e o processamento de neurotransmissores como a serotonina e a dopamina, bem como o metabolismo da glucose, que é a principal fonte de energia global para o cérebro.

O cérebro envia e recebe sinais químicos e eléctricos por todo o corpo. Sinais diferentes controlam processos diferentes, e o cérebro interpreta cada um deles. Alguns fazem-nos sentir cansados, por exemplo, enquanto outros nos fazem sentir dor.

Algumas mensagens são mantidas no cérebro, enquanto outras são transmitidas através da coluna vertebral e da vasta rede de nervos do corpo para extremidades distantes. Para tal, o sistema nervoso central depende de milhares de milhões de neurónios (células nervosas).

Principais partes do cérebro e suas funções

O cérebro pode ser dividido em cérebro, tronco cerebral e cerebelo.

O cérebro (parte frontal do cérebro) é constituído por matéria cinzenta (o córtex cerebral) e matéria branca no seu centro. A maior parte do cérebro, o cérebro inicia e coordena o movimento e regula a temperatura. Outras áreas do cérebro permitem a fala, o julgamento, o pensamento e o raciocínio, a resolução de problemas, as emoções e a aprendizagem. Outras funções estão relacionadas com a visão, a audição, o tato e outros sentidos.

Córtex cerebral. O hemisfério direito controla o lado esquerdo do corpo e a metade esquerda controla o lado direito do corpo. As duas metades comunicam uma com a outra através de uma grande estrutura em forma de C de substância branca e vias nervosas chamada corpo caloso. O corpo caloso está localizado no centro do cérebro.

Tronco cerebral. O tronco cerebral (meio do cérebro) liga o cérebro à medula espinal. O tronco cerebral inclui o mesencéfalo, a ponte e a medula.

Cérebro médio. O mesencéfalo é uma estrutura muito complexa, com uma série de diferentes grupos de neurónios (núcleos e colículos), vias neuronais e outras estruturas. Estas caraterísticas facilitam várias funções, desde a audição e o movimento até ao cálculo de respostas e alterações ambientais. O mesencéfalo também contém a substância negra, uma área afetada pela doença de Parkinson que é rica em neurónios dopaminérgicos e parte dos gânglios basais, que permitem o movimento e a coordenação.

A ponte. A ponte é a origem de quatro dos 12 nervos cranianos, que permitem uma série de actividades como a produção de lágrimas, a mastigação, o pestanejar, a focagem da visão, o equilíbrio, a audição e a expressão facial. Batizada com o nome da palavra latina para "ponte", a ponte é a ligação entre o mesencéfalo e a medula.

Medula. Na parte inferior do tronco cerebral, a medula é onde o cérebro encontra a medula espinhal. A medula é essencial para a sobrevivência. As funções da medula regulam muitas actividades corporais, incluindo o ritmo cardíaco, a respiração, o fluxo sanguíneo e os níveis de oxigénio e dióxido de carbono. A medula produz actividades reflexivas como espirros, vómitos, tosse e deglutição.

A **medula espinhal** estende-se da parte inferior da medula e através de uma grande abertura na parte inferior do crânio. Suportada pelas vértebras, a espinal medula transporta mensagens de e para o cérebro e para o resto do corpo.

O cerebelo ("pequeno cérebro") é uma porção do cérebro do tamanho de um punho, localizada na parte de trás da cabeça, abaixo dos lobos temporal e occipital e acima do tronco cerebral. Tal como o córtex cerebral, tem dois hemisférios. A parte exterior contém neurónios e a parte interior comunica com o córtex cerebral. A sua função é coordenar os movimentos musculares voluntários e manter a postura, o equilíbrio e a estabilidade. Novos estudos estão a explorar o papel do cerebelo no pensamento, nas emoções e no comportamento social, bem como o seu possível envolvimento na dependência, no autismo e na esquizofrenia.

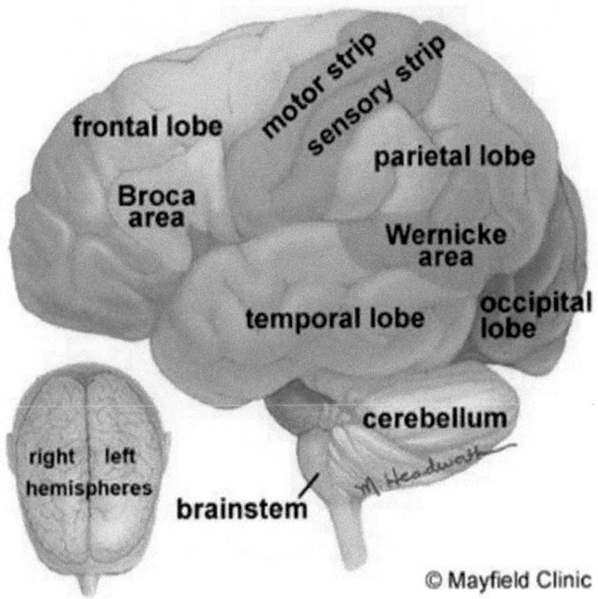

Fig. 1. As principais regiões anatómicas do cérebro.

A função cerebral

O cérebro tem duas metades ou hemisférios: direito e esquerdo. O hemisfério direito controla o lado esquerdo do corpo e o hemisfério esquerdo controla o lado direito. Na maioria das pessoas, o hemisfério esquerdo regula a linguagem e a fala, e o hemisfério direito controla as capacidades não verbais e espaciais.

As funções cerebrais incluem o processamento da informação sensorial dos sentidos, o planeamento, a tomada de decisões, a coordenação, o controlo motor, as emoções, a atenção e a memória. O cérebro humano desempenha funções mentais superiores, incluindo o pensamento. Uma das funções do cérebro humano é a perceção e a geração da fala.

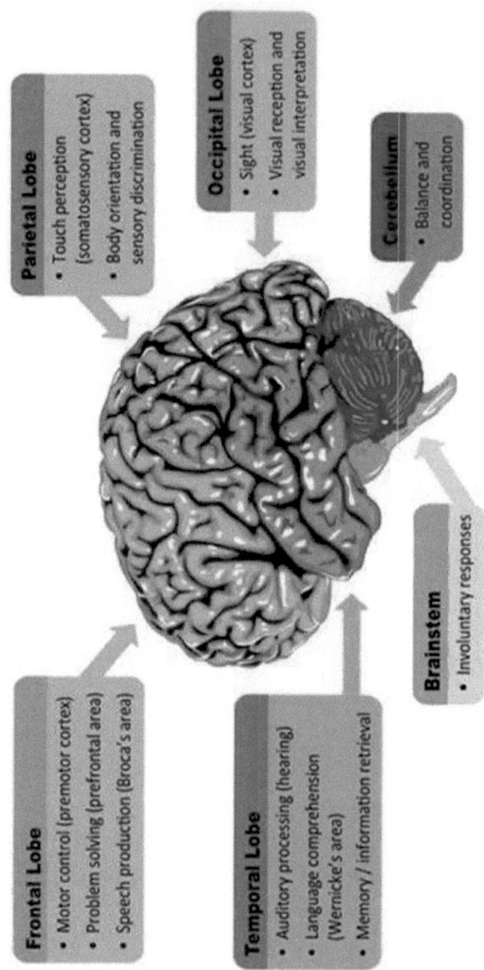

Lóbulo frontal

- Controlo motor (córtex pré-motor)
- Resolução de problemas (área pré-frontal)
- Produção da fala (área de Broca)

Lóbulo Temporal

- Processamento auditivo (audição)
- Compreensão da linguagem (área de Wernicke)
- Recuperação de memória / informação

Lóbulo parietal

- Perceção do tato (córtex somatossensorial)
- Orientação corporal e discriminação sensorial

Tronco cerebral
- Respostas involuntárias
Cerebelo
- Equilíbrio e coordenação

Fig. 2. A função cerebral.

A função do cérebro, como parte do Sistema Nervoso Central (SNC), é regular a maioria das funções do corpo e da mente. Estamos a falar de funções vitais, como a respiração ou o ritmo cardíaco, e de funções básicas, como o sono, a fome ou o instinto sexual, bem como de funções superiores que são activadas quando pensamos, recordamos ou falamos.

As funções cognitivas são processos mentais que nos permitem receber, selecionar, acumular, processar, criar e recuperar informações. Ajudam-nos a compreender e a comunicar com o mundo que nos rodeia.

A plasticidade cerebral é a capacidade do cérebro de alterar a sua estrutura e função em resposta à experiência, aprendizagem, desenvolvimento ou lesão. Trata-se de um fenómeno que permite ao cérebro adaptar-se a novas situações e exigências.

A plasticidade cerebral pode ocorrer a diferentes níveis, desde o molecular ao macroscópico. Ao nível molecular, a plasticidade envolve alterações nas ligações sinápticas entre os neurónios. Estas alterações podem dever-se ao reforço ou enfraquecimento das ligações entre os neurónios, o que afecta a transmissão dos impulsos nervosos.

Ao nível das redes neuronais, a plasticidade cerebral envolve alterações na estrutura e na função das redes em resposta a novas tarefas ou à aprendizagem. O cérebro pode formar novas vias neuronais e reforçar as existentes para se adaptar a novas exigências ou compensar danos.

Função do cérebro. Controlo motor
O lobo frontal está envolvido no raciocínio, no controlo motor, nas emoções e na linguagem. Contém o córtex motor, que está envolvido no planeamento e coordenação do movimento; o córtex pré-frontal, que é responsável pelo funcionamento cognitivo de nível superior; e a área de Broca, que é essencial para a produção da linguagem. O sistema motor do cérebro é responsável pela geração e controlo do movimento. Os movimentos gerados passam do cérebro, através dos nervos, para os neurónios motores do corpo, que controlam a ação dos músculos. O trato corticoespinal transporta os movimentos do cérebro, através da medula espinal, para o tronco e os membros. Os nervos cranianos

transportam os movimentos relacionados com os olhos, a boca e a face.

O sistema nervoso sensorial está envolvido na receção e processamento da informação sensorial. O cérebro também recebe e interpreta informações dos sentidos especiais da visão, olfato, audição e paladar. Os sinais motores e sensoriais mistos também são integrados.

A partir da pele, o cérebro recebe informações sobre o tato fino, a pressão, a dor, a vibração e a temperatura. Das articulações, o cérebro recebe informações sobre a posição das articulações. O córtex sensorial está localizado ao lado do córtex motor e, tal como o córtex motor, tem áreas associadas à sensação de diferentes partes do corpo. A sensação recolhida por um recetor sensorial na pele é convertida num sinal neural que é transmitido ao longo de uma série de neurónios através de trajectos na medula espinal.

A visão é gerada pela luz que atinge a retina do olho. Os fotorreceptores da retina transduzem o estímulo sensorial da luz para um sinal nervoso elétrico que é enviado para o córtex visual no lobo occipital. Os sinais visuais deixam a retina através dos nervos ópticos. As fibras do nervo ótico das metades nasais das retinas atravessam para os lados opostos, juntando-se às fibras das metades temporais das retinas opostas para formar os tractos ópticos. A disposição da ótica dos olhos e as vias visuais significam que a visão do campo visual esquerdo é recebida pela metade direita de cada retina, é processada pelo córtex visual direito e vice-versa. As fibras do trato ótico chegam ao cérebro no núcleo geniculado lateral e viajam através da radiação ótica para chegar ao córtex visual.

A audição e o equilíbrio são ambos gerados no ouvido interno. O som resulta em vibrações dos ossículos que seguem finalmente para o órgão auditivo, e a alteração do equilíbrio resulta no movimento de líquidos dentro do ouvido interno. Isto cria um sinal nervoso que passa através do nervo vestibulococlear. A partir daqui, passa para os núcleos cocleares, o núcleo olivar superior, o núcleo geniculado medial e, finalmente, a radiação auditiva para o córtex auditivo.

O sentido do olfato é gerado por células receptoras no epitélio da mucosa olfactiva na cavidade nasal. Esta informação passa através do nervo olfativo que entra no crânio através de uma parte relativamente permeável. Este nervo transmite-se ao circuito neural do bolbo olfativo, a partir do qual a informação é transmitida ao córtex olfativo. O paladar é gerado a partir de receptores na língua e transmitido ao longo dos nervos facial e glossofaríngeo para o núcleo solitário no tronco cerebral. Alguma informação gustativa é também transmitida da faringe para esta área através do nervo vago. A informação é então transmitida através do tálamo para o córtex gustativo.

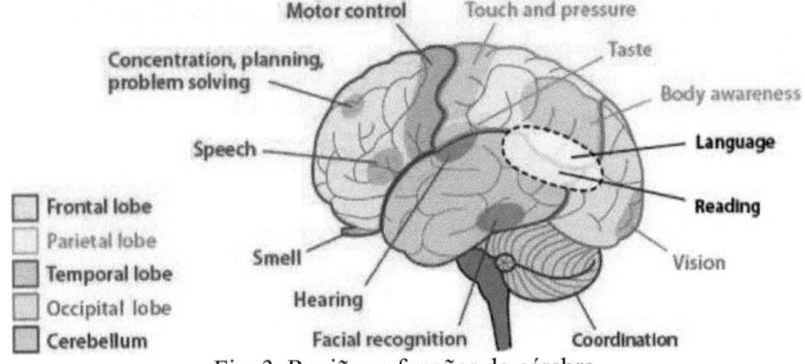

Fig. 3. Regiões e funções do cérebro.

Regulação. As funções autonómicas do cérebro incluem a regulação ou o controlo rítmico do ritmo cardíaco e respiratório e a manutenção da homeostase. A pressão arterial e o ritmo cardíaco são influenciados pelo centro vasomotor da medula, que provoca uma certa constrição das artérias e das veias em repouso. Para o efeito, influencia os sistemas nervosos simpático e parassimpático através do nervo vago. A informação sobre a pressão arterial é gerada por barorreceptores nos corpos aórticos no arco aórtico e transmitida ao cérebro através das fibras aferentes do nervo vago. A informação sobre as alterações de pressão no seio carotídeo provém dos corpos carotídeos localizados perto da artéria carótida e é transmitida através de um nervo que se junta ao nervo glossofaríngeo. Esta informação viaja até ao núcleo solitário na medula. Os sinais provenientes deste núcleo influenciam o centro vasomotor para ajustar a constrição das veias e artérias em conformidade.

O cérebro controla o ritmo da respiração, principalmente através de centros respiratórios na medula e na ponte.

Linguagem. As funções da linguagem estão localizadas na área de Wernicke e na área de Broca. O estudo da forma como a linguagem é representada, processada e aprendida pelo cérebro é designado por neurolinguística.

Campo eletromagnético do cérebro criado pelo movimento dos iões

O sistema nervoso e o córtex funcionam equilibrando gradientes electroquímicos e gerando correntes eléctricas que percorrem distâncias através do equilíbrio de potenciais de ação concorrentes, potenciais pós-sinápticos excitatórios (EPSPs) e potenciais pós-sinápticos inibitórios (IPSPs). Os potenciais de ação têm uma vida mais curta do que os EPSP e os IPSP. O equilíbrio e a interação destes potenciais gerados por vários neurónios permitem a soma destes Fig. 2. O funcionamento do cérebro.

A função do cérebro, como parte do Sistema Nervoso Central (SNC), é regular a maioria das funções do corpo e da mente. Estamos a falar de funções vitais, como a respiração ou o ritmo cardíaco, e de funções básicas, como o sono, a fome ou o instinto sexual, bem como de funções superiores que são activadas quando pensamos, recordamos ou falamos.

As funções cognitivas são processos mentais que nos permitem receber, selecionar, acumular, processar, criar e recuperar informações. Ajudam-nos a compreender e a comunicar com o mundo que nos rodeia.

A plasticidade cerebral é a capacidade do cérebro de alterar a sua estrutura e função em resposta à experiência, aprendizagem, desenvolvimento ou lesão. Trata-se de um fenómeno que permite ao cérebro adaptar-se a novas situações e exigências.

A plasticidade cerebral pode ocorrer a diferentes níveis, desde o molecular ao macroscópico. Ao nível molecular, a plasticidade envolve alterações nas ligações sinápticas entre os neurónios. Estas alterações podem dever-se ao reforço ou enfraquecimento das ligações entre os neurónios, o que afecta a transmissão dos impulsos nervosos.

Ao nível das redes neuronais, a plasticidade cerebral envolve alterações na estrutura e na função das redes em resposta a novas tarefas ou à aprendizagem. O cérebro pode formar novas vias neuronais e reforçar as existentes para se adaptar a novas exigências ou compensar danos.

II. Sinapse química

Um neurónio é uma célula excitável que dispara sinais eléctricos chamados potenciais de ação através de uma rede neural no sistema nervoso.

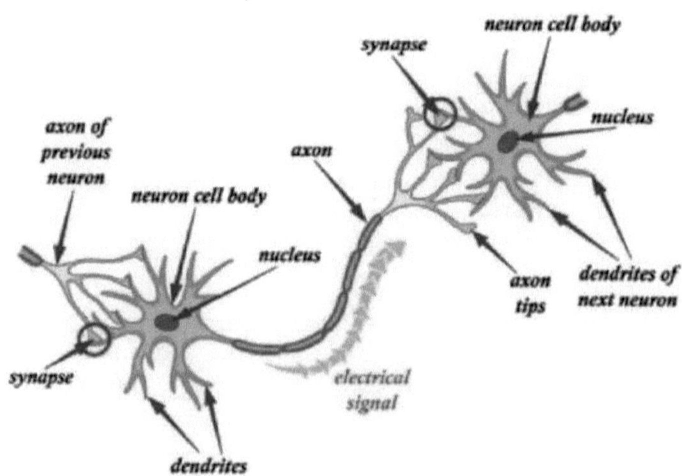

Fig. 4. Estrutura dos neurónios.

Os neurónios comunicam com outras células através de sinapses, que são ligações especializadas que normalmente utilizam quantidades mínimas de neurotransmissores químicos para passar o sinal elétrico do neurónio pré-sináptico para a célula-alvo através da lacuna sináptica.

As sinapses químicas são junções especializadas célula a célula onde o impulso nervoso é transmitido unidireccionalmente de um neurónio para outro neurónio ou para uma célula alvo não neuronal, o que permite ao sistema nervoso efetuar cálculos complexos e regular outros sistemas do corpo.

As sinapses químicas são junções intercelulares especializadas onde um impulso nervoso é transmitido unidireccionalmente de um neurónio para outro neurónio ou para uma célula alvo não neuronal, permitindo ao sistema nervoso efetuar cálculos complexos e regular outros sistemas do corpo.

A diferença entre uma sinapse química e uma sinapse eléctrica

A sinapse química é uma ligação célula a célula através da qual os neurotransmissores transferem os impulsos nervosos num sentido. A sinapse eléctrica é uma associação celular entre duas células nervosas onde os iões são utilizados para transmitir rapidamente os impulsos nervosos. Os neurotransmissores transportam os impulsos nervosos como um sinal químico.

• Uma sinapse liga dois neurónios ou um neurónio a uma célula alvo ou efectora, como uma célula muscular. Facilita a transmissão de impulsos eléctricos ou químicos.

• A sinapse forma uma ligação entre os neurónios pré-sinápticos e pós-sinápticos. A junção neuromuscular liga um neurónio a um músculo.

• Uma sinapse transmite impulsos nervosos do terminal do axónio de um neurónio para os dendritos do neurónio seguinte. Pode ser de natureza eléctrica ou química.

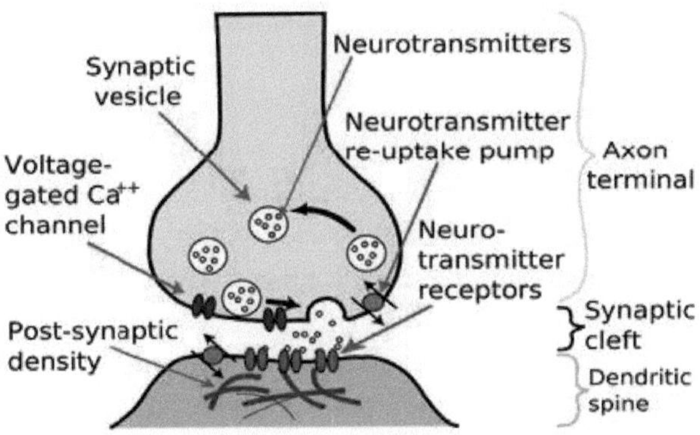

Fig. 5. Estrutura da sinapse química.

Sinapse eléctrica

* As sinapses eléctricas são mais rápidas do que as sinapses químicas.

* A transmissão de um sinal elétrico através da sinapse eléctrica é idêntica à condução de um impulso num axónio, uma vez que estas junções de hiato permitem a passagem imediata de iões.

* As junções de hiato formam-se quando os neurónios pré-sinápticos e pós-sinápticos estão próximos uns dos outros. Os canais de proteínas formam uma ligação física entre os neurónios pré e pós-sinápticos na junção de hiato.

* As sinapses eléctricas são menos adaptáveis do que as sinapses químicas, uma vez que não podem passar de sinais excitatórios para sinais inibitórios.

* As membranas pré-sináptica e pós-sináptica estão relativamente próximas numa sinapse eléctrica, e as proteínas dos canais geram junções de hiato que as ligam fisicamente.

* As sinapses químicas são muito mais frequentes. Os neurotransmissores são responsáveis pela transferência de sinais nervosos através das sinapses químicas.

* A fenda sináptica é um espaço cheio de líquido entre os dois neurónios. Um impulso nervoso não pode viajar de um neurónio para o outro.

* As vesículas sinápticas do terminal do neurónio pré-sináptico produzem neurotransmissores na fenda sináptica quando o potencial de ação atinge os terminais.

* Os neurotransmissores ligam-se aos receptores da membrana pós-sináptica, permitindo a abertura dos canais de voltagem, o que possibilita o fluxo de iões.

* A polaridade da membrana pós-sináptica muda e o sinal elétrico é transmitido através da sinapse.

* Os neurotransmissores podem ser inibitórios ou excitatórios. Várias células respondem ao mesmo neurotransmissor de formas diferentes.

* O neurotransmissor é inibitório se houver um influxo líquido de iões de carga positiva na célula, o que provoca a geração do potencial de ação (EPSP - potencial pós-sináptico excitatório).

* A membrana é hiperpolarizada à medida que o potencial de membrana se torna cada vez mais negativo, e a ação dos neurotransmissores torna-se inibitória. Produzem o IPSP ou potencial pós-sináptico inibitório.

* Uma vez ligados ao recetor, os neurotransmissores são trabalhados por enzimas ou transferidos para trás e reciclados para terminar o sinal depois de este ter sido transmitido para a frente.

Ligações funcionais entre sinapses eléctricas e químicas

1. Embora se pense que as sinapses químicas são mais complexas do ponto de vista anatómico e funcional do que as sinapses eléctricas, novos dados sugerem

que as sinapses eléctricas são igualmente complexas, funcionalmente diversas e altamente mutáveis.

2. Estas duas modalidades de transmissão sináptica interagem intimamente, em vez de funcionarem de forma independente e terem objectivos diferentes. As transmissões sinápticas são tanto químicas como eléctricas, e as ligações entre estes dois tipos de comunicação interneuronal são necessárias para o desenvolvimento e funcionamento ideais do cérebro.

3. A formação de sinapses químicas e eléctricas, que regem recíproca e dinamicamente a emergência destes dois modos de transmissão, parece ser crucial no desenvolvimento dos circuitos neuronais em vários sistemas nervosos (vertebrados e invertebrados).

4. As interações entre sinapses eléctricas são fundamentais para a construção de circuitos neuronais ao longo do desenvolvimento. Os neuromoduladores, como a dopamina e as sinapses glutamatérgicas, afectam a força das sinapses eléctricas de uma forma dependente da atividade.

5. Espera-se também que as interações sinápticas eléctricas e químicas tenham consequências patogénicas significativas. Após uma lesão cerebral, foi observada a recapitulação das ligações de desenvolvimento entre as sinapses químicas e eléctricas, e a desregulação dos neurotransmissores das sinapses eléctricas pode contribuir para o défice cognitivo.

A principal diferença entre uma sinapse química e uma sinapse eléctrica é que, numa sinapse química, o impulso nervoso é transmitido quimicamente através de neurotransmissores, enquanto numa sinapse eléctrica, o impulso nervoso é transmitido eletricamente através de proteínas de canal.

III. Potencial de ação

Um potencial de ação ocorre quando o potencial de membrana de uma célula específica sobe e desce rapidamente. Esta despolarização faz com que os locais adjacentes se despolarizem de forma semelhante. Os potenciais de ação ocorrem em vários tipos de células excitáveis, que incluem células animais como os neurónios e as células musculares, bem como algumas células vegetais. Certas células endócrinas, como as células beta pancreáticas e certas células da glândula pituitária anterior, também são células excitáveis.

Nos neurónios, os potenciais de ação desempenham um papel central na comunicação célula-célula, proporcionando - ou, no que diz respeito à condução salina, auxiliando - a propagação de sinais ao longo do axónio do neurónio em direção aos botões sinápticos situados nas extremidades de um axónio; estes sinais podem então ligar-se a outros neurónios em sinapses, ou a células motoras ou glândulas. Noutros tipos de células, a sua principal função é ativar processos intracelulares. Nas células musculares, por exemplo, um potencial de ação é o primeiro passo na cadeia de eventos que conduz à contração. Nas células beta do pâncreas, provocam a libertação de insulina. Os potenciais de ação nos neurónios são também conhecidos como "impulsos nervosos" ou "picos", e a sequência temporal dos potenciais de ação gerados por um neurónio é designada por "sequência de picos". Diz-se frequentemente que um neurónio que emite um potencial de ação, ou impulso nervoso, "dispara".

Os potenciais de ação são gerados por tipos especiais de canais iónicos dependentes da voltagem, integrados na membrana plasmática de uma célula. Estes canais estão fechados quando o potencial da membrana está próximo do potencial de repouso (negativo) da célula, mas começam a abrir-se rapidamente se o potencial da membrana aumentar até uma tensão limite definida com precisão, despolarizando o potencial transmembranar. Quando os canais se abrem, permitem um fluxo de iões de sódio para o interior, o que altera o gradiente eletroquímico, que por sua vez produz um novo aumento do potencial de membrana para zero. Isto provoca a abertura de mais canais, produzindo uma maior corrente eléctrica através da membrana celular e assim sucessivamente. O processo prossegue de forma explosiva até que todos os canais iónicos disponíveis estejam abertos, resultando numa grande subida do potencial de membrana. O rápido influxo de iões de sódio provoca a inversão da polaridade da membrana plasmática e os canais iónicos são rapidamente inactivados. Quando os canais de sódio se fecham, os iões de sódio deixam de poder entrar no neurónio e são transportados ativamente para fora da membrana plasmática. Os canais de potássio são então activados, e há uma corrente de saída de iões de potássio, fazendo com que o gradiente eletroquímico regresse ao estado de repouso. Após a ocorrência de um potencial de ação, há um desvio negativo transitório, denominado pós-hiperpolarização.

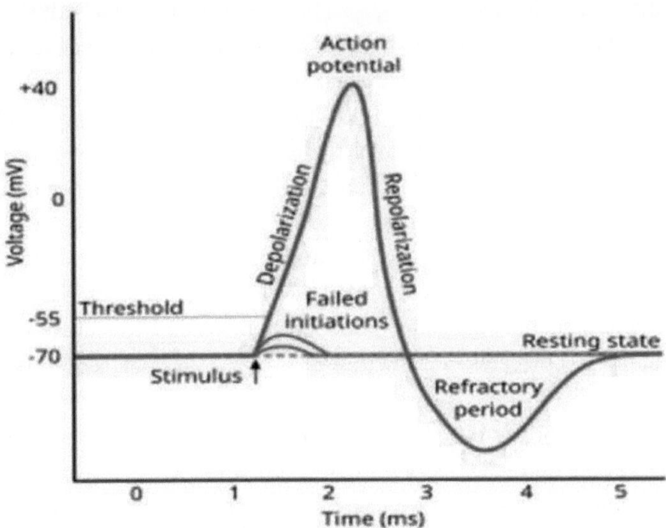

Fig. 6. O gráfico aproximado de um potencial de ação típico mostra as suas várias fases à medida que o potencial de ação passa por um ponto da membrana celular. O potencial de membrana começa aproximadamente a -70 mV no tempo zero. Um estímulo é aplicado no tempo = 1 ms, o que eleva o potencial de membrana acima de -55 mV (o potencial limiar). Após a aplicação do estímulo, o potencial de membrana aumenta rapidamente para um potencial de pico de +40 mV no tempo = 2 ms. Com a mesma rapidez, o potencial cai e ultrapassa os -90 mV no tempo = 3 ms e, finalmente, o potencial de repouso de -70 mV é restabelecido no tempo = 5 ms.

A pós-hiperpolarização, ou AHP, é a fase de hiperpolarização do potencial de ação de um neurónio, em que o potencial de membrana da célula desce abaixo do potencial de repouso normal. Esta fase é também normalmente designada por fase de subtração de um potencial de ação. Os AHP foram divididos em componentes "rápidos", "médios" e "lentos", que parecem ter mecanismos iónicos e durações distintas. Enquanto os AHP rápidos e médios podem ser gerados por potenciais de ação únicos, os AHP lentos desenvolvem-se geralmente apenas durante sequências de potenciais de ação múltiplos.

Durante potenciais de ação simples, a despolarização transitória da membrana abre mais canais K^+ dependentes de voltagem do que os que estão abertos no estado de repouso, muitos dos quais não se fecham imediatamente quando a membrana regressa à sua voltagem de repouso normal. Isso pode levar a um "undershoot" do potencial da membrana para valores mais polarizados ("hiperpolarizados") do que o potencial original da membrana em repouso. Os

15

canais de K^{2+} activados por Ca^+ que se abrem em resposta ao influxo de Ca^{2+} durante o potencial de ação transportam grande parte da corrente de K^+ à medida que o potencial da membrana se torna mais negativo. A permeabilidade ao K^+ da membrana é transitoriamente elevada de forma invulgar, levando a tensão da membrana VM a aproximar-se ainda mais da tensão de equilíbrio do K^+ EK. Assim, a hiperpolarização persiste até que a permeabilidade K^+ da membrana retorne ao seu valor normal.

As correntes AHP médias e lentas também ocorrem nos neurónios. Os mecanismos iónicos subjacentes aos AHP médios e lentos ainda não estão bem compreendidos, mas podem também envolver correntes M e canais HCN para os AHP médios, e correntes dependentes de iões[4] e/ou bombas iónicas para os AHP lentos.

O estado pós-hiperpolarizado (sAHP) pode ser seguido por um estado pós-despolarizado (que não deve ser confundido com a pós-despolarização cardíaca) e pode, assim, definir a fase da oscilação sublimiar do potencial de membrana, como relatado para as células estreladas do córtex entorrinal. Propõe-se que este mecanismo seja funcionalmente importante para manter a estimulação destes neurónios numa fase definida do ciclo teta, que, por sua vez, se pensa contribuir para a codificação de novas memórias pelo lobo temporal medial do cérebro.

Equação de Goldman-Hodgkin-Katz

Nas células vivas, o potencial de membrana em repouso (Vm) raramente é governado por apenas um ião, como o K^+, Na^+, Cl^-, etc. Se fosse esse o caso, o potencial de membrana poderia ser previsto pelo potencial de equilíbrio ($VEq.$) para esse ião e poderia ser facilmente calculado utilizando a equação de Nernst. Em vez disso, o potencial de membrana é geralmente estabelecido como resultado das contribuições relativas de vários iões. Em muitas células, o K^+, o Na^+ e o Cl^- são os principais contribuintes para o potencial de membrana. Por exemplo, num neurónio típico de mamífero, o K^+, o Na^+ e o Cl^- contribuem para um potencial de membrana em repouso de cerca de -70 mV, um valor de potencial de membrana que não está no potencial de equilíbrio para o K^+, o Na^+ ou o Cl^-. Isto deve-se ao facto de, nos neurónios em repouso, existirem canais selectivos de K^+, Na^+ e Cl^- na membrana plasmática. Estes canais iónicos selectivos permitem que o K^+, o Na^+ e o Cl^- se desloquem cada um pelo seu próprio gradiente eletroquímico. O movimento de qualquer ião no seu próprio gradiente eletroquímico tenderá a mover o potencial da membrana em direção ao potencial de equilíbrio para esse ião. Por conseguinte, os movimentos transmembranares dos três iões (K^+, Na^+, e Cl^-) contribuem coletivamente para o potencial da membrana. Quando mais de um canal iónico está presente (e aberto) na membrana plasmática, o potencial de membrana pode ser calculado utilizando a equação de Goldman-Hodgkin-Katz (equação GHK). Além disso, a equação de GHK pode prever o potencial de inversão (V_{rev}) da relação corrente-tensão (I-V) obtida a partir de uma célula em que os canais iónicos predominantes na membrana plasmática são os canais de K^+, Na^+ e Cl^-.

Ao examinar a equação de GHK, fica claro que a contribuição relativa de um determinado ião é determinada não só pelo seu gradiente de concentração através da membrana plasmática, mas também pela sua permeabilidade relativa à membrana. p_K, p_{Na} e p_{Cl} são as permeabilidades relativas à membrana para K^+, Na^+, e Cl^-, respetivamente. A permeabilidade refere-se à facilidade com que os iões atravessam a membrana e é diretamente proporcional ao número total de canais abertos para um determinado ião na membrana. Assim, se muitos canais de K^+ estiverem abertos, o p_K será elevado. Se apenas alguns canais de K^+ estiverem abertos, o pK será pequeno. Se todos os canais de K^+ estiverem fechados ou se não existirem canais de K^+ na membrana, o pK será zero. Normalmente, as permeabilidades são apresentadas como permeabilidades relativas, tendo o p_K o valor de referência de um (porque, na maioria das células em repouso, o pK é maior do que o p_{Na} e o p_{Cl}). Para um neurónio típico em repouso, p_K : p_{Na} : p_{Cl} = 1 : 0,05 : 0,45. Em contraste, os valores aproximados da permeabilidade relativa no pico de um potencial de ação neuronal típico são p_K : p_{Na} : p_{Cl} = 1 : 12 : 0,45.

Quando dois ou mais iões contribuem para o potencial de membrana, é provável que o potencial de membrana não esteja no potencial de equilíbrio para nenhum dos iões que contribuem. Assim, nenhum ião estaria no seu equilíbrio (ou seja, $V_{eq.}$ ± V_m). Quando um ião não está no seu equilíbrio, uma força motriz eletroquímica (V_{DF}) actua sobre o ião, causando o movimento líquido do ião através da membrana no seu gradiente eletroquímico. A força motriz é quantificada pela diferença entre o potencial da membrana e o potencial de equilíbrio do ião (V_{DF} = V_m - $V_{eq.}$). O sinal (ou seja, positivo ou negativo) da força motriz que actua sobre um ião, juntamente com o conhecimento da valência do ião (ou seja, catião ou anião), pode ser utilizado para prever a direção do fluxo de iões através da membrana plasmática (ou seja, para dentro ou para fora da célula). Por exemplo, para os catiões (iões de carga positiva, como Na^+, K^+, H^+ e Ca^{2+}), uma força motriz positiva (ou seja, V_{DF} > 0) prevê o movimento dos iões para fora da célula (efluxo) através do seu gradiente eletroquímico, e uma força motriz negativa (ou seja, V_{DF} < 0) prevê o movimento dos iões para dentro da célula (influxo). A situação é inversa para os aniões (iões de carga negativa como o Cl^- e o $HCO3^-$), em que uma força motriz positiva prevê o movimento dos iões para dentro da célula (influxo) e uma força motriz negativa prevê o movimento dos iões para fora da célula (efluxo). Se o potencial de membrana

(V_m) estiver exatamente no potencial de equilíbrio ($V_{eq.}$) para um ião, a força motriz que actua sobre o ião será zero. Se $V_m = V_{eq.}$, pode ver-se que $V_{DF} = V_m - V_{eq.} = 0$. Neste caso, não haveria movimento líquido do ião através da membrana plasmática para dentro ou para fora da célula (ou seja, não haveria fluxo líquido de iões).

A equação de Goldman-Hodgkin-Katz

$$V_{\mathrm{m}} = \frac{RT}{F} \ln\left(\frac{p_{\mathrm{K}}[\mathrm{K}^+]_{\mathrm{o}} + p_{\mathrm{Na}}[\mathrm{Na}^+]_{\mathrm{o}} + p_{\mathrm{Cl}}[\mathrm{Cl}^-]_{\mathrm{i}}}{p_{\mathrm{K}}[\mathrm{K}^+]_{\mathrm{i}} + p_{\mathrm{Na}}[\mathrm{Na}^+]_{\mathrm{i}} + p_{\mathrm{Cl}}[\mathrm{Cl}^-]_{\mathrm{o}}} \right),$$

onde V_m é o potencial de membrana. Esta equação é utilizada para determinar o potencial de membrana em repouso em células reais, nas quais o K^+, o Na^+ e o Cl^- são os principais contribuintes para o potencial de membrana. Note-se que a unidade de V_m é o Volt. No entanto, o potencial de membrana é normalmente registado em milivolts (mV). Se os canais de um determinado ião (Na^+, K^+, ou Cl^-) estiverem fechados, os valores de permeabilidade relativa correspondentes podem ser definidos como zero. Por exemplo, se todos os canais de Na^+ estiverem fechados, $p_{Na} = 0$, **R** é a constante universal dos gases (8,314 $J.K^{-1}.mol^{-1}$), **T** é a temperatura em Kelvin (K = °C + 273,15), **F** é a constante de Faraday (96485 $C.mol^{-1}$), p_K é a permeabilidade da membrana para K^+. Normalmente, os valores de permeabilidade são apresentados como permeabilidades relativas, tendo p_K o valor de referência de um (porque, na maioria das células em repouso, p_K é maior do que p_{Na} e p_{Cl}). Para um neurónio típico em repouso, $p_K : p_{Na} : p_{Cl} = 1 : 0,05 : 0,45$. Note-se que, devido ao facto de serem apresentados valores de permeabilidade relativa, os valores de permeabilidade não têm unidades, p_{Na} é a permeabilidade relativa da membrana para Na^+, p_{Cl} é a permeabilidade relativa da membrana para Cl^-, $[K^+]_o$ é a concentração de K^+ no fluido extracelular. Note-se que as unidades de concentração de todos os iões devem coincidir, $[K^+]_i$ é a concentração de K^+ no fluido intracelular. Note que as unidades de concentração de todos os iões devem coincidir, $[Na^+]_o$ é a concentração de Na^+ no fluido extracelular. Note-se que as unidades de concentração de todos os iões devem coincidir, $[Na^+]_i$ é a concentração de Na^+ no fluido intracelular. Note-se que as unidades de concentração de todos os iões devem coincidir, $[Cl^-]_o$ é a concentração de Cl^- no fluido extracelular. Note-se que as unidades de concentração de todos os iões devem coincidir, $[Cl^-]_i$ é a concentração de Cl^- no fluido intracelular. Note-se que as unidades de concentração de todos os iões devem corresponder, Constante Universal dos Gases (R) = 8,314 $J.K^{-1}.mol^{-1}$, Constante de Faraday (F) = 96485 $C.mol.^{-1}$

Os potenciais de equilíbrio calculados para o K^+ (vK), Na^+ (vNa) e Cl^- (vCl), bem como as forças de condução electroquímicas calculadas que actuam sobre o K^+ (VDF, K), Na^+ (VDF, Na) e Cl^- (VDF, Cl), são valores apenas de leitura. O sinal da força de condução eletroquímica (VDF = Vm - Veq.) que actua sobre um determinado ião permite-nos determinar a direção do fluxo de iões (isto é, para dentro ou para fora da célula).

Como já foi referido e como se pode ver na equação de GHK acima apresentada, o valor do potencial de membrana é determinado pelos gradientes de concentração e pelos valores de permeabilidade relativa dos iões para os quais existem canais abertos na membrana plasmática. Os gradientes de concentração fisiológicos são mantidos homeostaticamente dentro de um intervalo muito estreito. A magnitude da permeabilidade (ou seja, o número de canais abertos na membrana plasmática) de um determinado ião pode, de facto, ser regulada fisiologicamente e determina a contribuição relativa desse ião para o Vm. É importante lembrar que o movimento de qualquer ião no seu próprio gradiente eletroquímico tenderá a mover o potencial da membrana em direção ao potencial de equilíbrio para esse ião. Quanto maior for a permeabilidade de um determinado ião, maior será a contribuição desse ião para o estabelecimento do potencial da membrana. Por exemplo, examinando a equação de GHK, pode-se ver que se pK for muito maior que pNa e pCl, Vm estará mais próximo do potencial de equilíbrio para K^+ (vK) do que do potencial de equilíbrio para Na^+ (vNa) ou Cl^- (vCl), embora nunca esteja exatamente em *VK*, a menos que pNa = 0 e pCl = 0. Como outro exemplo, se pNa for muito grande comparado com pK e pCl, Vm estará mais próximo de vNa, embora nunca esteja exatamente em vNa a não ser que pK = 0 e pCl = 0. Note que se os canais para um determinado ião estiverem todos fechados (i.e, a permeabilidade para esse ião é zero), a equação de GHK é reduzida e simplificada para incluir apenas os termos relativos aos outros dois iões.

IV. Os receptores

Os receptores são estruturas químicas, compostas por proteínas, que recebem e transduzem sinais que podem ser integrados em sistemas biológicos. Estes sinais são normalmente mensageiros químicos que se ligam a um recetor e produzem respostas fisiológicas, como a alteração da atividade eléctrica de uma célula. Por exemplo, o GABA, um neurotransmissor inibitório, inibe a atividade eléctrica dos neurónios ligando-se aos receptores GABAA. Existem três formas principais de classificar a ação do recetor: retransmissão do sinal, amplificação ou integração. A retransmissão envia o sinal para a frente, a amplificação aumenta o efeito de um único ligando e a integração permite que o sinal seja incorporado noutra via bioquímica.

As proteínas receptoras podem ser classificadas de acordo com a sua localização. Os receptores de superfície celular, também conhecidos como receptores transmembranares, incluem os canais iónicos ligados a ligandos, os receptores acoplados à proteína G e os receptores hormonais ligados a enzimas. Os receptores intracelulares são os que se encontram no interior da célula e incluem os receptores citoplasmáticos e os receptores nucleares. Uma molécula que se liga a um recetor é designada por ligando e pode ser uma proteína, um péptido (proteína curta) ou outra molécula pequena, como um neurotransmissor, uma hormona, um medicamento, uma toxina, um ião de cálcio ou partes do exterior de um vírus ou micróbio. Uma substância produzida endogenamente que se liga a um determinado recetor é referida como o seu ligando endógeno. Por exemplo, o ligando endógeno do recetor nicotínico da acetilcolina é a acetilcolina, mas também pode ser ativado pela nicotina e bloqueado pelo curare. Os receptores de um determinado tipo estão ligados a vias bioquímicas celulares específicas que correspondem ao sinal. Embora se encontrem numerosos receptores na maioria das células, cada recetor só se liga a ligandos de uma estrutura específica. Este facto foi comparado de forma análoga à forma como as fechaduras só aceitam chaves com um formato específico. Quando um ligando se liga a um recetor correspondente, ativa ou inibe a via bioquímica associada ao recetor, que também pode ser altamente especializada.

Um recetor é uma célula especializada (ou terminação nervosa) que recebe estímulos do ambiente externo ou interno e os converte em impulsos nervosos.

Classificação dos receptores:

Pela natureza das sensações que surgem quando os receptores são irritados: visuais, auditivas, olfactivas, gustativas, tácteis, etc.

Por localização:

* externos (exteroceptores) - percepcionam estímulos do ambiente externo;
* internos (inter-receptores) - percepcionam os estímulos do corpo. Os receptores internos, por sua vez, dividem-se em proprioceptores - receptores dos músculos e tendões, e viscerorreceptores - receptores dos órgãos internos.

Pelo método de contacto:

* os receptores de perceção distante de estímulos cuja fonte está localizada a uma certa distância do recetor (receptores visuais, auditivos, olfactivos);
* o contacto percepciona os estímulos cuja fonte está em contacto direto com o recetor (paladar, receptores tácteis).

Consoante a natureza do estímulo que actua, distinguem-se os fotorreceptores, os mecanorreceptores, os quimiorreceptores e os termorreceptores.

Por estrutura:

- Receptores sensoriais primários (primários) - a transformação da energia do estímulo num impulso nervoso ocorre diretamente na extremidade do primeiro neurónio do sistema sensorial (receptores olfactivos, receptores tácteis).
- Sensação secundária (secundária) - a perceção do estímulo é realizada por uma célula recetora especializada.

Os receptores primários e secundários diferem no mecanismo de deteção do sinal.

Nos receptores primários, quando expostos a um estímulo de força limiar ou supralimiar, a permeabilidade iónica altera-se, em resultado do que se desenvolve um potencial recetor (PR). Se o PR atingir um nível crítico de despolarização, ocorre um impulso nervoso no nó de Ranvier mais próximo.

Nos receptores secundários, a ocorrência de PR leva à libertação de um mediador da célula recetora (ou à cessação da sua libertação), em resultado da qual se desenvolve um potencial gerador (PG) na membrana da terminação nervosa, que é essencialmente pós-sináptica. Se o PG atingir um nível crítico de despolarização, ocorre um impulso nervoso no nó de Ranvier mais próximo.

As proteínas receptoras podem também ser classificadas de acordo com as propriedades dos ligandos. Estas classificações incluem quimiorreceptores, mecanorreceptores, receptores gravitacionais, fotorreceptores, magnetoreceptores e gasorreceptores.

As estruturas dos receptores são muito diversas e incluem as seguintes categorias principais, entre outras:

- Tipo 1: Canais iónicos dependentes de ligandos (receptores ionotrópicos) - Estes receptores são normalmente alvo de neurotransmissores rápidos, como a acetilcolina (nicotínica) e o GABA; a ativação destes receptores resulta em alterações no movimento de iões através de uma membrana. Têm uma estrutura heteromérica em que cada subunidade é constituída pelo domínio extracelular de ligação ao ligando e por um domínio transmembranar que inclui quatro hélices alfa transmembranares. As cavidades de ligação ao ligando estão localizadas na interface entre as subunidades.
- Tipo 2: Receptores acoplados à proteína G (receptores metabotrópicos) - Esta é a maior família de receptores e inclui os receptores de várias hormonas e transmissores lentos, como a dopamina e o glutamato metabotrópico. São compostos por sete hélices alfa transmembranares. As alças que ligam as hélices alfa formam domínios extracelulares e intracelulares. O local de ligação para os ligandos peptídicos de maiores dimensões situa-se normalmente no domínio extracelular, enquanto o local de ligação para os ligandos não peptídicos de menores dimensões se situa frequentemente entre as sete hélices alfa e uma ansa extracelular. Os receptores acima referidos estão ligados a diferentes sistemas

efectores intracelulares através das proteínas G. As proteínas G são heterotrímeros constituídos por 3 subunidades: a (alfa), 0 (beta) e y (gama). No estado inativo, as três subunidades se associam e a subunidade a se liga ao GDP. A ativação da proteína G provoca uma alteração conformacional, que leva à troca de GDP por GTP. A ligação do GTP à subunidade a provoca a dissociação das subunidades P e y. Além disso, as três subunidades, a, 0 e y, têm quatro classes principais adicionais com base na sua sequência primária. Estas incluem G_s, G_i, G_q e G_{12}.

• Tipo 3: Receptores ligados à quinase e receptores relacionados (ver "Recetor tirosina quinase" e "Recetor ligado à enzima") - São compostos por um domínio extracelular que contém o local de ligação do ligando e um domínio intracelular, frequentemente com função enzimática, ligado por uma única hélice alfa transmembranar. O recetor de insulina é um exemplo.

• Tipo 4: Receptores nucleares - Embora sejam designados receptores nucleares, na realidade estão localizados no citoplasma e migram para o núcleo depois de se ligarem aos seus ligandos. São compostos por uma região C-terminal de ligação ao ligando, um domínio central de ligação ao ADN (DBD) e um domínio N-terminal que contém a região *AF1* (função de ativação 1). A região do núcleo tem dois dedos de zinco que são responsáveis pelo reconhecimento das sequências de ADN específicas deste recetor. O terminal N interage com outros factores de transcrição celular de uma forma independente do ligando e, dependendo destas interações, pode modificar a ligação/atividade do recetor. Os receptores de esteróides e de hormonas da tiroide são exemplos de tais receptores.

Os receptores de membrana podem ser isolados das membranas celulares através de procedimentos complexos de extração utilizando solventes, detergentes e/ou purificação por afinidade.

As estruturas e as acções dos receptores podem ser estudadas utilizando métodos biofísicos como a cristalografia de raios X, a RMN, o dicroísmo circular e a interferometria de dupla polarização. As simulações em computador do comportamento dinâmico dos receptores têm sido utilizadas para compreender os seus mecanismos de ação.

Receptores ligados a enzimas

Os receptores ligados a enzimas incluem os receptores tirosina-quinases (RTK), proteínas quinase específicas da serina/treonina, como a proteína morfogenética óssea, e a guanilato ciclase, como o recetor do fator natriurético atrial. Entre os RTK, foram identificadas 20 classes, com 58 RTK diferentes como membros. Alguns exemplos são apresentados a seguir:

Classe	**Membro**	**Ligando endógeno**	**Ligando exógeno**

RTK/Família de receptores

I	EGFR	FEG	Gefitinib
II	Insulina Recetor	Insulina	Cetocromina
IV	VEGFR	VEGF	Lenvatinib

Receptores intracelulares

Os receptores podem ser classificados em função do seu mecanismo ou da sua posição na célula. 4 exemplos de LGIC intracelulares são apresentados a seguir:

Recetor	**Corrente do ião ligando**
canais iónicos controlados por nucleótidos cíclicos	cGMP (visão), cAMP, Na^+, K^+ cGTP (olfato)
Recetor IP3	IP3 Ca^{2+}
Intracelular	ATP (fecha o canal) K^+
Receptores de ATP Recetor de Ryanodina	Ca^{2+} Ca^{2+}

A transdução de sinais é o processo pelo qual um sinal químico ou físico é transmitido através de uma célula como uma série de eventos moleculares. As proteínas responsáveis pela deteção de estímulos são geralmente designadas por receptores, embora em alguns casos seja utilizado o termo sensor. As alterações provocadas pela ligação do ligando (ou deteção do sinal) num recetor dão origem a uma cascata bioquímica, que é uma cadeia de acontecimentos bioquímicos conhecida como via de sinalização.

Quando as vias de sinalização interagem umas com as outras, formam redes que permitem coordenar as respostas celulares, frequentemente através de eventos de sinalização combinatórios. A nível molecular, essas respostas incluem alterações na transcrição ou tradução de genes e alterações pós-traducionais e conformacionais nas proteínas, bem como alterações na sua localização. Estes eventos moleculares são os mecanismos básicos que controlam o crescimento, a proliferação, o metabolismo e muitos outros processos celulares. Nos organismos multicelulares, as vias de transdução de sinal regulam a comunicação celular de uma grande variedade de formas.

Cada componente (ou nó) de uma via de sinalização é classificado de acordo com o papel que desempenha em relação ao estímulo inicial. Os ligandos são designados *primeiros mensageiros*, enquanto os receptores são os *transdutores de sinal*, que depois activam *os efectores primários*. Esses efetores são tipicamente proteínas e estão frequentemente ligados a segundos mensageiros, que podem ativar *efetores secundários*, e assim por diante. Dependendo da eficiência dos nós, um sinal pode ser amplificado (um conceito conhecido como ganho de sinal), de modo que uma molécula sinalizadora pode gerar uma resposta que envolve centenas a milhões de moléculas. Tal como acontece com outros sinais, a transdução de sinais biológicos é caracterizada por atrasos, ruído, feedback e feedforward do sinal e interferências, que podem variar de insignificantes a patológicas.

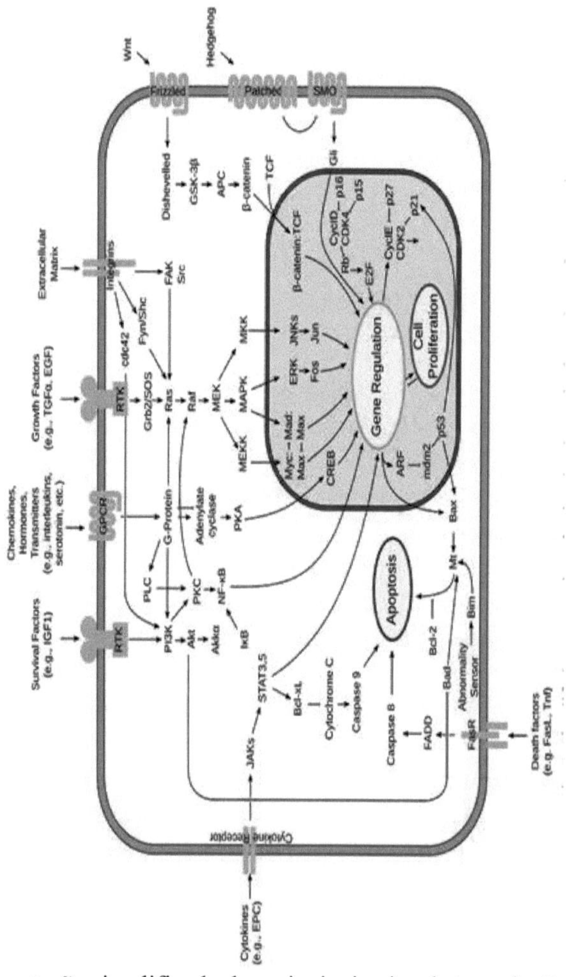

Fig. 7. Representação simplificada das principais vias de transdução de sinal em mamíferos.
A base da transdução de sinais é a transformação de um determinado estímulo num sinal bioquímico. A natureza desses estímulos pode variar muito, desde sinais extracelulares, como a presença de EGF, até eventos intracelulares, como os danos no ADN resultantes do desgaste dos telómeros replicativos.

Tradicionalmente, os sinais que chegam ao sistema nervoso central são classificados como sentidos. Estes são transmitidos de neurónio para neurónio num processo designado por transmissão sináptica. Existem muitos outros mecanismos de transmissão de sinais intercelulares em organismos multicelulares.

Segundos mensageiros. Os primeiros mensageiros são as moléculas de sinalização (hormonas, neurotransmissores e agentes parácrinos/autócrinos) que chegam à célula a partir do fluido extracelular e se ligam aos seus receptores específicos. Os segundos mensageiros são as substâncias que entram no citoplasma e actuam no interior da célula para desencadear uma resposta. Essencialmente, os segundos mensageiros funcionam como retransmissores químicos da membrana plasmática para o citoplasma, efectuando assim a transdução de sinais intracelulares.

Cálcio. A libertação de iões de cálcio do retículo endoplasmático para o citosol resulta na sua ligação a proteínas de sinalização que são então activadas; é então sequestrado no retículo endoplasmático liso e nas mitocôndrias. Duas proteínas combinadas de receptores/canais iónicos controlam o transporte de cálcio: o recetor InsP3, que transporta o cálcio após interação com o trifosfato de inositol no seu lado citosólico; e o recetor de rianodina, cujo nome deriva do alcaloide rianodina, semelhante ao recetor InsP3, mas com um mecanismo de feedback que liberta mais cálcio após a ligação com o mesmo. A natureza do cálcio no citosol significa que só está ativo durante um período de tempo muito curto, o que significa que a sua concentração no estado livre é muito baixa e que, quando inativo, está maioritariamente ligado a moléculas de organelos como a calreticulina.

O sistema sensorial

O sistema sensorial é um conjunto de estruturas periféricas e centrais do sistema nervoso responsáveis pela perceção de sinais de várias modalidades provenientes do ambiente circundante ou interno. O sistema sensorial é constituído por receptores, vias neurais e partes do cérebro responsáveis pelo processamento dos sinais recebidos. Os sistemas sensoriais mais conhecidos são a visão, a audição, o tato, o paladar e o olfato. Com a ajuda do sistema sensorial, é possível sentir propriedades físicas como a temperatura, o sabor, o som ou a pressão. Os sistemas sensoriais dividem-se em externos e internos; os externos estão equipados com exteroceptores e os internos com interoreceptores. Em condições normais, o corpo está constantemente exposto a influências complexas, e os sistemas sensoriais trabalham em constante interação. Qualquer função psicofisiológica é polissensorial.

Os principais princípios da conceção de sistemas sensoriais incluem:

- O princípio da multicanalidade (duplicação para aumentar a fiabilidade do sistema);
- O princípio da transmissão de informação a vários níveis;
- O princípio da convergência (os ramos terminais de um neurónio contactam com vários neurónios do nível anterior);
- O princípio da divergência (multiplicação; contacto com vários neurónios de um nível superior);
- O princípio da retroação (todos os níveis do sistema têm uma via ascendente e uma via descendente; a retroação tem um valor inibitório como parte do processo de processamento do sinal);
- O princípio da corticalização (todos os sistemas sensoriais estão representados no neocórtex; por conseguinte, o córtex é funcionalmente polissémico e não existe uma localização absoluta);
- O princípio da simetria bilateral (existe num grau relativo);
- O princípio das correlações estruturais-funcionais (a corticalização dos diferentes sistemas sensoriais tem graus diferentes).

O tempo de reação, ou seja, o tempo que decorre entre o momento em que o sinal aparece e o momento em que se inicia a resposta motora, foi medido pela primeira vez por Helmholtz. Depende do analisador em que o sinal actua, da intensidade do sinal e do estado físico e psicológico da pessoa. É geralmente igual a: 100-200 milissegundos para a luz, 120-150 para o som e 100-150 milissegundos para um estímulo electrocutâneo.

Codificação da informação

A irritabilidade, enquanto propriedade do organismo, é a capacidade de reação que permite a adaptação às condições ambientais. Qualquer alteração físico-química do ambiente pode ser um fator de irritação. Os elementos receptores do sistema nervoso permitem a perceção de irritantes significativos e a sua transformação em impulsos nervosos. As quatro caraterísticas seguintes dos estímulos sensoriais são as mais importantes:

- modalidade
- intensidade (determinada pela atividade dos níveis inferiores dos sistemas sensoriais; tem um carácter em forma de S, ou seja, as maiores alterações na frequência dos impulsos dos neurónios ocorrem quando a intensidade varia na parte média da curva, o que permite detetar pequenas alterações nos sinais de baixa intensidade - lei de Weber-Fechner);
- localização (por exemplo, a localização da fonte sonora ocorre devido ao tempo diferente de chegada da onda sonora a cada ouvido (para sinais de baixa frequência) ou a diferenças interaurais na intensidade da estimulação (para sinais de alta frequência);

- duração.

A codificação neural é a transformação de sinais ambientais e internos do corpo em representações desses sinais sob a forma de padrões de atividade neuronal para criar um modelo da realidade com o objetivo de adaptação e execução de acções intencionais, mantendo a integridade e o funcionamento normal do corpo.

Uma vez que a formação de um modelo da realidade e o controlo do corpo com base nesse modelo é a principal tarefa do sistema nervoso, a descodificação do código neural pode ser considerada o tema central da neurociência.

A imagem padrão da atividade neuronal é constituída por picos dispostos com diferentes densidades ao longo do eixo do tempo:

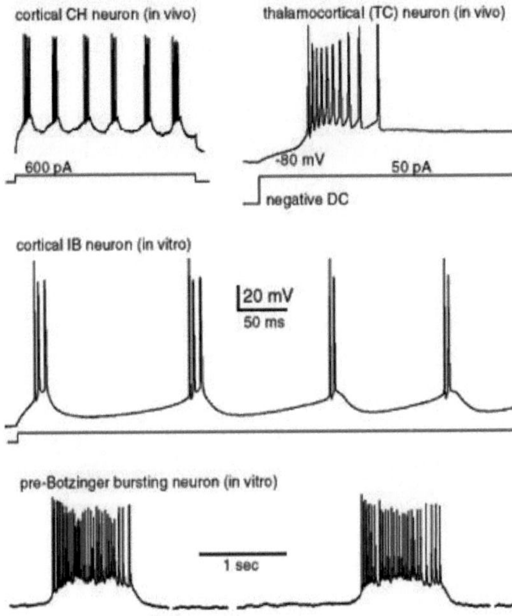

Fig. 8. Exemplos de atividade dos neurónios.

Codificação da informação: tipos e métodos de codificação

A informação pode ser de diferentes tipos e naturezas: gustativa, olfactiva, sonora, vídeo, textual, simbólica, expressa em sinais.

A codificação da informação é a transformação da informação de uma forma para outra, mais conveniente para a sua transmissão, processamento e armazenamento, utilizando um código.

Codificação da informação sonora

Qualquer sinal sonoro que uma pessoa ouve é uma vibração do ar. Tem 2 indicadores principais: a amplitude das vibrações e a frequência das vibrações.

A amplitude das vibrações é um valor que mostra o desvio do estado do ar em relação à forma inicial com cada vibração. Chamamos a este indicador a intensidade do som.

A frequência das vibrações é o número de desvios do ar em relação ao estado inicial que ocorre durante um determinado período de tempo. Este valor para uma pessoa é como a altura, a tonalidade de um sinal sonoro.

A profundidade da codificação do som é o número de bits que são utilizados para codificar cada segmento de uma onda sonora durante a amostragem.

Codificação molecular da mente

O conceito de "codificação molecular da mente" refere-se à compreensão do modo como as interações moleculares e as vias de sinalização no cérebro dão origem a funções cognitivas, comportamentos e consciência. Eis alguns aspectos fundamentais desta ideia:

1. **Neurotransmissores e receptores**:

o **Os neurotransmissores** são mensageiros químicos que transmitem sinais através das sinapses entre os neurónios. Os exemplos incluem a dopamina, a serotonina, a acetilcolina, o glutamato e o GABA.

o **Os receptores** na superfície dos neurónios ligam-se a neurotransmissores, desencadeando várias respostas celulares. Estes incluem os receptores ionotrópicos, que controlam diretamente os canais iónicos, e os receptores metabotrópicos, que activam sistemas de mensageiros secundários.

2. **Vias de sinalização**:

o As vias de sinalização complexas, como as que envolvem as proteínas G e os segundos mensageiros (por exemplo, AMPc, IP3), modulam a atividade e a plasticidade neuronais.

Estas vias regulam processos como a expressão genética, a síntese de proteínas e a plasticidade sináptica, que são cruciais para a aprendizagem e a memória.

3. **Plasticidade sináptica**:

o **A potenciação a longo prazo (LTP)** e **a depressão a longo prazo (LTD)** são mecanismos de plasticidade sináptica que reforçam ou enfraquecem as sinapses com base na atividade, contribuindo para a aprendizagem e a memória.

4. Genética molecular:

o Os factores genéticos influenciam o desenvolvimento e a função do cérebro. Genes específicos estão associados a capacidades cognitivas, saúde mental e suscetibilidade a perturbações neurológicas.

o As modificações epigenéticas, como a metilação do ADN e a modificação das histonas, também desempenham um papel na regulação da expressão genética no cérebro.

5. Circuitos neurais:

O cérebro é composto por circuitos neuronais complexos com perfis moleculares distintos. Diferentes regiões e redes cerebrais são especializadas em várias funções cognitivas, como a perceção, a tomada de decisões e a emoção.

6. Interações de proteínas:

o Proteínas como os canais iónicos, os receptores e as moléculas de sinalização interagem em redes complexas. A desregulação destas interações pode levar a perturbações neurológicas e psiquiátricas.

7. Propriedades emergentes:

o As propriedades emergentes da mente resultam da atividade colectiva de numerosas interações moleculares e celulares. A compreensão destas propriedades emergentes implica a integração de dados a vários níveis, desde a neurociência molecular à neurociência dos sistemas.

A investigação nesta área envolve uma combinação de técnicas de biologia molecular, genética, neuroimagem, modelação computacional e estudos comportamentais para desvendar a forma como os mecanismos moleculares estão subjacentes às funções da mente.

Funções da mente

As funções da mente abrangem uma vasta gama de processos e capacidades cognitivas que permitem a uma pessoa perceber o mundo que a rodeia, processar informação, tomar decisões e interagir com o ambiente. As principais funções da mente são:

1. Perceção:

o O processo de receber e interpretar informação sensorial do ambiente através dos sentidos, como a visão, a audição, o tato, o olfato e o paladar.

2. Atenção:

o A capacidade de se concentrar em estímulos ou tarefas específicas, filtrando simultaneamente informações irrelevantes. Inclui a atenção selectiva, a atenção sustentada e a atenção dividida.

3. Memória:

o O processo de codificação, armazenamento e recuperação de informação.

Inclui diferentes tipos de memória, como a memória sensorial, a memória de curto prazo e a memória de longo prazo, bem como a memória de trabalho.

4. Pensamento e resolução de problemas:

o Os processos de análise de informação, geração de ideias, tomada de decisões e resolução de problemas. Inclui o pensamento lógico, o pensamento criativo e o pensamento crítico.

5. Linguagem e comunicação:

o A capacidade de compreender e produzir discurso, e a utilização da língua para comunicar. Inclui a fonologia, a morfologia, a sintaxe, a semântica e a pragmática.

6. Emoções:

o Estados psicológicos complexos associados a estímulos internos e externos. Inclui sentimentos, humor e reacções afectivas.

7. Cognição social:

o A capacidade de compreender e interpretar o comportamento, as intenções e as emoções dos outros. Inclui a teoria da mente, a empatia e a interação social.

8. Funções executivas:

o Processos cognitivos superiores que controlam e regulam outras funções cognitivas. Inclui o planeamento, a flexibilidade, o autocontrolo, a monitorização e a tomada de decisões.

9. Motivação:

o Processos que motivam e orientam o comportamento. Inclui a motivação intrínseca e extrínseca, bem como mecanismos de recompensa.

10. Consciência:

o A capacidade de estar consciente dos seus próprios pensamentos, sentimentos e ambiente. Inclui níveis de consciência e de auto-consciência.

A compreensão das funções da mente requer uma abordagem interdisciplinar que inclua a neurociência, a psicologia, a ciência cognitiva e outros domínios de estudo.

Mecanismos moleculares da mente

Os mecanismos moleculares da mente envolvem uma interação complexa de processos genéticos, bioquímicos e fisiológicos que sustentam a cognição, a emoção, a perceção e o comportamento. Aqui está uma visão geral de alguns componentes-chave:

Neurotransmissores e receptores

1. **Neurotransmissores**: Estes mensageiros químicos transmitem sinais entre os neurónios. Os principais neurotransmissores incluem:

o **Glutamato**: O principal neurotransmissor excitatório envolvido na aprendizagem e na memória.

o **GABA (Ácido Gama-Aminobutírico)**: O neurotransmissor inibitório primário que ajuda a regular a excitabilidade neuronal.

o **Dopamina**: Envolvida na recompensa, motivação e controlo motor.

o **Serotonina**: regula o humor, o apetite e o sono.

o **Acetilcolina**: Envolvida na ativação muscular, na atenção e na memória.

o **Norepinefrina**: Influencia a atenção, a excitação e a resposta ao stress.

2. **Receptores**: Os neurotransmissores exercem os seus efeitos ligando-se a receptores específicos na superfície dos neurónios. Por exemplo:

Receptores NMDA e AMPA: Receptores-chave para o glutamato envolvidos na plasticidade sináptica e na formação da memória.

Receptores GABA-A e GABA-B: Medeiam os efeitos inibitórios do GABA.

Receptores de dopamina (D1-D5): Diferentes subtipos têm vários papéis na cognição, motivação e recompensa.

Receptores de serotonina (5-HT1 a 5-HT7): Diversas funções na regulação do humor, perceção e cognição.

Vias de transdução de sinais

1. **Segundos mensageiros**: Quando os neurotransmissores se ligam aos receptores, desencadeiam frequentemente cascatas de sinalização intracelular que envolvem segundos mensageiros como o AMPc, o IP3 e o Ca2+. Estes mensageiros amplificam o sinal e iniciam várias respostas celulares.

2. **Quinases e fosfatases**: Enzimas como as proteínas cinases (por exemplo, PKA, PKC, CaMKII) e as fosfatases regulam o estado de fosforilação das proteínas, modulando a sua atividade e alterando assim a função e a plasticidade neuronais.

Plasticidade sináptica

1. **Potenciação a longo prazo (LTP)**: Um aumento duradouro da força sináptica após estimulação de alta frequência de uma sinapse. A LTP é considerada um mecanismo celular de aprendizagem e memória. Envolve alterações na densidade e na função dos receptores, bem como na expressão genética e na síntese proteica.

2. **Depressão a longo prazo (LTD)**: Uma diminuição duradoura da força sináptica, frequentemente após uma estimulação de baixa frequência. A LTD desempenha um papel na poda sináptica e na afinação das redes neuronais.

Expressão dos genes e epigenética

1. **Genes precoces imediatos (IEGs)**: Genes como c-fos e Arc são rapidamente activados em resposta à atividade neuronal e desempenham um papel na plasticidade sináptica e na consolidação da memória.

2. **Modificações epigenéticas**: As alterações na metilação do ADN, na acetilação das histonas e nos ARN não codificantes podem regular a expressão

genética sem alterar a sequência de ADN subjacente. Estas modificações podem ser influenciadas por factores ambientais e experiências, afectando a função cerebral e o comportamento.

Factores neurotróficos

1. **Fator neurotrófico derivado do cérebro (BDNF)**: O BDNF apoia a sobrevivência, o crescimento e a diferenciação dos neurónios. É crucial para a plasticidade sináptica, a aprendizagem e a memória.

2. **Fator de crescimento nervoso (NGF)** e outras neurotrofinas: Estas proteínas promovem o desenvolvimento e a manutenção do sistema nervoso.

Componentes celulares e estruturais

1. **Neurónios**: As células primárias do sistema nervoso que transmitem informações através de sinais eléctricos e químicos.

2. **Células gliais**: Células de suporte que dão apoio estrutural e metabólico aos neurónios. Os tipos de células gliais incluem:

Astrócitos: Regulam os níveis de neurotransmissores, mantêm a barreira hemato-encefálica e fornecem nutrientes aos neurónios.

Oligodendrócitos: Formam a bainha de mielina à volta dos axónios no sistema nervoso central, o que aumenta a velocidade de transmissão dos sinais.

Microglia: Actuam como células imunitárias no cérebro, respondendo a lesões e doenças.

Conectividade e redes

1. **Circuitos neurais**: Redes de neurónios interligados que processam tipos específicos de informação e geram comportamentos. Os exemplos incluem a via visual, o sistema límbico e os circuitos do córtex pré-frontal envolvidos nas funções executivas.

2. **Oscilações e sincronia**: A atividade cerebral é caracterizada por oscilações rítmicas a diferentes frequências (por exemplo, ondas alfa, beta, gama), que se pensa coordenarem o tempo da atividade neural em diferentes regiões do cérebro.

A compreensão dos mecanismos moleculares da mente requer uma abordagem integradora, combinando conhecimentos de biologia molecular, genética, neurofisiologia e neurociência cognitiva para desvendar as complexidades da função cerebral e do comportamento.

V. Leis da lógica em neuroquímica

Na bioquímica, as leis da lógica também desempenham um papel importante, nomeadamente na análise dos processos e mecanismos bioquímicos. Eis alguns exemplos de aplicação das leis da lógica na bioquímica:

1. **A Lei da Não-Contradição**:

o Uma enzima não pode catalisar simultaneamente uma reação em direcções opostas com igual eficiência. Por exemplo, uma enzima não pode catalisar simultaneamente a hidrólise e a síntese da mesma molécula.

2. **A lei do meio excluído**:

Uma molécula de ADN está a replicar-se ou não num determinado momento. Não pode estar num estado intermédio.

3. **A lei da identidade**:

o Uma enzima específica catalisa uma reação específica. Por exemplo, a hexoquinase catalisa sempre a fosforilação da glucose em glucose-6-fosfato na presença de ATP.

4. **Dedução**:

o Se se sabe que todas as células utilizam ATP como fonte de energia, pode-se concluir que uma célula até então desconhecida pela ciência também utiliza ATP para as suas necessidades energéticas.

5. **Indução**:

o Se as experiências mostrarem que o aumento da concentração de um substrato aumenta a taxa de reação de uma determinada enzima, pode assumir-se que outras enzimas responderão de forma semelhante ao aumento das concentrações dos seus substratos.

Estes princípios lógicos permitem aos bioquímicos organizar o conhecimento, construir hipóteses e testar teorias, assegurando uma metodologia científica rigorosa e consistente.

Regras básicas da neuroquímica

A neuroquímica é o estudo dos processos químicos e das substâncias que afectam o funcionamento do sistema nervoso. Existem várias regras e princípios básicos neste domínio que ajudam os cientistas a sistematizar e explicar os mecanismos complexos do funcionamento do cérebro. Eis algumas delas:

1. **A regra da especificidade dos receptores**:

Cada neurotransmissor interage apenas com determinados tipos de receptores. Por exemplo, a acetilcolina liga-se aos receptores nicotínicos e muscarínicos, mas não aos receptores de dopamina.

2. **A regra do equilíbrio**:

o A concentração de iões e de neurotransmissores na fenda sináptica é regulada até se atingir o equilíbrio. Este princípio é importante para manter a homeostase no sistema neural.

3. **A regra da dependência da dose**:

O efeito de um neuroquímico depende da sua concentração. Por exemplo, pequenas doses de um neurotransmissor podem causar uma reação fraca, enquanto grandes doses podem causar efeitos mais fortes ou mesmo tóxicos.

4. A regra da dinâmica temporal:

O tempo de ação de um neurotransmissor é limitado. Os neurotransmissores são rapidamente decompostos ou reabsorvidos depois de desempenharem a sua função. Por exemplo, a acetilcolina é rapidamente hidrolisada pela acetilcolinesterase na fenda sináptica.

5. Regra de feedback:

Muitos processos neuroquímicos são regulados por mecanismos de feedback. Por exemplo, a libertação de um neurotransmissor pode ser inibida pelo seu elevado nível na fenda sináptica através de receptores autócrinos.

6. Regra da sinergia e do antagonismo:

As substâncias podem ter um efeito sinérgico (reforço) ou antagónico (enfraquecimento) umas sobre as outras. Por exemplo, o GABA (um neurotransmissor inibitório) e o glutamato (um neurotransmissor excitatório) actuam de forma oposta no sistema nervoso central.

7. Regra da neuroplasticidade:

A química do cérebro pode alterar-se em resposta à experiência e à aprendizagem. Por exemplo, um aumento prolongado da atividade numa sinapse pode levar à potenciação a longo prazo (LTP), que é um mecanismo de plasticidade sináptica.

8. A regra da dependência energética:

o Os processos neuroquímicos requerem energia, normalmente sob a forma de ATP. Por exemplo, o transporte de iões através da membrana celular pela bomba de sódio-potássio requer a hidrólise de ATP.

Estas regras ajudam os cientistas e os médicos a compreender como os processos químicos afectam a função e o comportamento do cérebro e a desenvolver tratamentos para várias doenças neurológicas e psiquiátricas.

Mecanismo neuroquímico da formação da imaginação

A formação da imaginação no cérebro está associada à atividade dos sistemas neuroquímicos que regulam e modulam o funcionamento das redes neuronais. Eis os principais aspectos do mecanismo neuroquímico de formação da imaginação:

Principais neurotransmissores

1. Dopamina:

Funções: A dopamina desempenha um papel importante na motivação, na recompensa e na regulação do humor. Está também envolvida em processos cognitivos relacionados com a criatividade e a imaginação.

Mecanismos: Níveis elevados de dopamina no córtex pré-frontal promovem a flexibilidade do pensamento e facilitam a geração de novas ideias e imagens mentais.

2. Serotonina:

Funções: A serotonina regula o humor, o sono, o apetite e as funções cognitivas.

Mecanismos: Níveis óptimos de serotonina contribuem para um estado emocional estável, o que é importante para a criação de imagens imaginárias positivas e vivas.

3. Norepinefrina:

Funções: A norepinefrina está envolvida na regulação da atenção, da vigília e da resposta ao stress.

Mecanismos: A norepinefrina modula a atividade das redes neuronais, o que ajuda a manter a atenção em cenários e imagens imaginárias.

4. Glutamato e GABA (ácido gama-aminobutírico):

Funções: O glutamato é o principal neurotransmissor excitatório e o GABA é o principal neurotransmissor inibitório.

Mecanismos: O equilíbrio entre a atividade glutamatérgica e GABAérgica assegura o estado ótimo das redes neuronais para a geração e estabilização das imagens mentais.

Modulação neuroquímica

1. Neurotrofinas (por exemplo, BDNF - Brain-Derived Neurotrophic Fator):

Funções: As neurotrofinas promovem a sobrevivência, o crescimento e a diferenciação dos neurónios.

Mecanismos: Níveis elevados de BDNF melhoram a neuroplasticidade, o que ajuda a gerar e a modificar mais eficazmente as imagens imaginárias.

2. Endocanabinóides:

Funções: O sistema endocanabinóide está envolvido na regulação do humor, da memória e do apetite.

Mecanismos: Os endocanabinóides modulam a plasticidade sináptica, o que promove a flexibilidade do pensamento e a criatividade.

Interação de neurotransmissores e regiões cerebrais

1. Córtex pré-frontal:

A elevada concentração de receptores de dopamina no córtex pré-frontal promove a flexibilidade cognitiva e a geração de novas ideias.

A serotonina e a norepinefrina modulam a atividade desta zona, influenciando a atenção e o fundo emocional da imaginação.

2. Sistema límbico (hipocampo, amígdala):

A dopamina e a serotonina modulam as reacções emocionais associadas a imagens imaginárias.

O hipocampo está envolvido na recuperação de memórias, que servem de base à imaginação.

3. Lobos parietal e temporal:
A atividade glutamatérgica nestas áreas facilita a integração da informação sensorial e a criação de imagens mentais complexas.
A atividade GABAérgica ajuda a regular e a estabilizar estas imagens.
Factores genéticos e epigenéticos
1. Variações genéticas:
Os polimorfismos nos genes que codificam os receptores da dopamina e da serotonina podem influenciar a capacidade de imaginar e criar.
2. Modificações epigenéticas:
As alterações epigenéticas, como a metilação do ADN e a acetilação das histonas, podem regular a expressão de genes associados aos neurotransmissores e à neuroplasticidade, influenciando as funções cognitivas e a imaginação.
Assim, os mecanismos neuroquímicos da imaginação envolvem uma interação complexa de vários neurotransmissores, neurotrofinas e redes neuronais, proporcionando a flexibilidade de pensamento, a estabilidade emocional e as capacidades cognitivas necessárias para a criação e retenção de imagens mentais.
A formação de uma imagem no cérebro é um processo complexo que envolve várias etapas:
1. Perceção da informação sensorial: As imagens começam com a perceção de estímulos sensoriais através dos sentidos - visão, audição, olfato, tato e paladar. Por exemplo, quando se olha para um objeto, as ondas de luz atingem a retina do olho, onde são convertidas em sinais eléctricos.
2. Transmissão de sinais para o cérebro: A informação sensorial é transmitida através de vias neurais para as áreas apropriadas do cérebro. Por exemplo, os sinais visuais são transmitidos através dos nervos ópticos para o lobo occipital do cérebro, onde está localizado o córtex visual primário.
3. Processamento: No córtex visual primário, os sinais são processados e analisados para extrair as principais caraterísticas do objeto, como a forma, a cor e o movimento. A informação é então transmitida para as áreas de associação do córtex, onde ocorre um processamento mais complexo.
4. Emparelhamento com a memória: O processamento de imagens nas áreas de associação envolve a sua correspondência com conhecimentos e experiências previamente adquiridos e armazenados na memória. Isto ajuda a identificar o objeto e a compreender o seu significado.
5. Integração da informação: O cérebro integra diferentes tipos de informação sensorial (visual, auditiva, etc.) para criar uma perceção holística do objeto. Por exemplo, quando se vê e ouve um cão, o cérebro combina os sinais

visuais e auditivos para criar uma imagem complexa do cão.

6. Perceção consciente: Depois de todas as fases de processamento, a informação chega ao nível da consciência, e estamos conscientes da imagem que vimos ou percepcionámos.

7. Reação e interpretação: Dependendo da imagem percepcionada, o cérebro pode gerar reacções e acções emocionais adequadas. Por exemplo, quando vemos uma pessoa a sorrir, podemos sentir alegria e sorrir de volta.

Todos estes processos ocorrem de forma muito rápida e sincronizada, graças aos quais podemos percecionar instantaneamente e com precisão o mundo que nos rodeia.

A formação de funções de ordem superior, como a leitura, a música e a criatividade, envolve a interação de muitas áreas do cérebro e exige a coordenação de vários processos cognitivos.

Leitura

Perceção visual: Quando lemos, os sinais luminosos atingem a retina do olho e são transmitidos ao córtex visual primário no lobo occipital.

1. Reconhecimento de símbolos: O processamento de estímulos visuais continua no giro fusiforme, particularmente numa área conhecida como área visual de formação de palavras (VWFA), que é especializada no reconhecimento de letras e palavras.

2. Processamento fonológico: A informação é então passada para a área parietotemporal esquerda, onde ocorre o processamento fonológico - correspondência dos símbolos visuais com os seus equivalentes sonoros.

3. Processamento semântico: A informação é então passada para os lobos temporais anterior e inferior, onde o significado das palavras e frases é compreendido.

4. Integração cognitiva: Finalmente, o córtex pré-frontal está envolvido em processos cognitivos superiores, como a compreensão do contexto, a análise e a interpretação do que foi lido.

Música

1. Perceção auditiva: As ondas sonoras são convertidas em sinais eléctricos na cóclea do ouvido interno e transmitidas ao córtex auditivo primário, localizado no lobo temporal.

2. Análise das caraterísticas do som: O processamento do sinal sonoro envolve a análise da altura, ritmo, timbre e melodia, que ocorre nas áreas de associação do córtex auditivo.

3. Processamento emocional: A música envolve ativamente o sistema límbico, incluindo a amígdala e o hipocampo, o que contribui para a resposta emocional e a memória.

4. Coordenação motora: Tocar música requer coordenação motora, que envolve o córtex motor e o cerebelo.

5. Processamento cognitivo e criativo: O córtex pré-frontal desempenha um papel fundamental na criação e interpretação da música, bem como na improvisação e composição.

Criatividade

1. Geração de ideias: O processo criativo começa com a ativação do córtex pré-frontal, que é responsável pela geração de novas ideias e conceitos.

2. Incubação e pensamento associativo: As ideias criativas são frequentemente formadas num estado relaxado ou semiconsciente, quando a rede de modo predefinido do cérebro é activada. Esta rede facilita o pensamento associativo e a ligação de conceitos não relacionados.

3. Avaliação e seleção de ideias: A ativação da área de controlo executivo do córtex pré-frontal ajuda a avaliar e a selecionar as ideias mais valiosas e viáveis.

4. Motivação e emoção: O sistema límbico, especialmente o núcleo accumbens e o sistema de recompensa, desempenha um papel importante na motivação e satisfação do processo criativo.

5. Implementação motora: O processo criativo envolve frequentemente a implementação prática de ideias, o que requer a coordenação de capacidades motoras, o que envolve o córtex motor e o cerebelo.

Todas estas funções de ordem superior requerem a integração de informações sensoriais, cognitivas, emocionais e motoras, o que realça a complexidade e a diversidade do trabalho do cérebro.

VI. A PsicoNeuroEndocrinoImunologia Química (PNEI)

Propusemos uma nova ciência - a imunologia química psiconeuroendócrina (CPNEI), que estuda os mecanismos neuroquímicos de interação entre os sistemas mental, nervoso, endócrino e imunitário.

A PsicoNeuroEndocrinoImunologia Química (PNEI)

Aibassov Yerkin, Yemelyanova Valentina, Bulenbaev Maxat

Instituto de Investigação de Novas Tecnologias e Materiais Químicos, Universidade Nacional do Cazaquistão Al-Farabi, Almaty 005012, Cazaquistão

Resumo: Propusemos uma nova ciência - a psiconeuroendocrinoimunologia química (CPNEI), que estuda os mecanismos neuroquímicos de interação dos sistemas mental, nervoso, endócrino e imunitário.

Palavras-chave: psiconeuroendocrinoimunologia química, processos modelo.

1. Introdução

A Psiconeuroendocrinoimunologia Química (CPNEI) investiga a forma como a psique humana interage com os sistemas nervoso, endócrino e imunitário. A abordagem PNEI baseia-se no pressuposto de que todas as células e órgãos do nosso corpo estão interligados e que, consequentemente, o cérebro e os sistemas imunitário, nervoso e endócrino são capazes de exercer um certo grau de influência recíproca. A prova mais importante das interações entre o sistema neuroendócrino e o sistema imunitário é o facto de o baço, o timo, a medula óssea e os gânglios linfáticos serem inervados por neurónios do sistema nervoso autónomo; as alterações das funções cerebrais podem afetar diferentes respostas imunitárias; as células imunitárias e neuroendócrinas partilham receptores (por exemplo Os linfócitos e os macrófagos têm receptores para um grande número de hormonas e neuropéptidos); as hormonas e os neuropéptidos podem alterar a atividade funcional das células do sistema imunitário; várias hormonas e neuropéptidos podem ser sintetizados pelos leucócitos; as citocinas produzidas pelos leucócitos são capazes de modular a atividade do sistema neuroendócrino, o comportamento, o sono e a termorregulação.

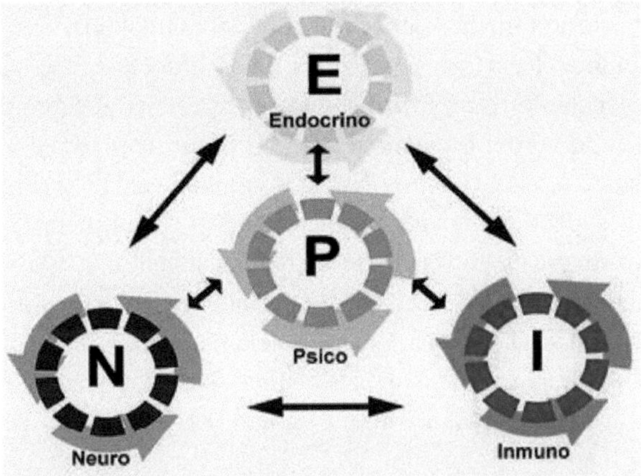

Fig. 9. A estrutura da PsicoNeuroEndocrinoImunologia (PNEI)

2. Teoria

Para criar a teoria da Psiconeuroendocrinoimunologia Química (CPNEI), partimos do princípio da trindade material, mental e informacional [1-4].

Os sistemas mental, nervoso, endócrino e imunitário estão intimamente ligados no corpo e formam, de facto, um sistema unificado de controlo do corpo e da sua auto-proteção contra várias influências externas.

1. A ligação entre o sistema imunitário e o sistema nervoso central é efectuada através do sangue por meio de citocinas.

2. O sistema nervoso central afecta o sistema imunitário com a ajuda de neuropeptídeos (neurotensina, um neuropeptídeo intestinal vasoativo, peptídeo delta do sono, encefalinas, endorfinas (opióides endógenos)).

3. O sistema nervoso central regula diretamente o sistema endócrino, actuando sobre as glândulas correspondentes que produzem hormonas.

4. O sistema endócrino actua sobre o sistema imunitário através das hormonas do eixo hipotálamo-hipófise-adrenal.

5. As células imunocompetentes são capazes de produzir uma série de hormonas, principalmente corticotropina, endorfina e encefalina.

6. Os neurónios são capazes de produzir diretamente interleucinas. Os compostos mais activos capazes de se ligarem às células dos três sistemas de controlo do organismo são os neuropeptídeos.

3. Resultados e discussão

Os métodos mais recentes de biologia molecular, o progresso dos métodos de investigação de imagem por imunoensaio enzimático e radioimune revolucionaram a compreensão das causas das doenças neuroendócrinas, bem como abriram novas perspectivas no diagnóstico e tratamento da patologia do sistema hipotalâmico-hipofisário.

Fig. I 1 mostra a estrutura da Psiconeuroendocrinoimunologia.

As imunoglobulinas (Igs) são produzidas pelos linfócitos B e segregadas no plasma. A molécula de Ig na forma monomérica é uma glicoproteína com um peso molecular de aproximadamente 150 kDa, que tem uma forma mais ou menos semelhante à Y. A estrutura básica do monómero de Ig (Fig. 2) consiste em duas metades idênticas ligadas por duas ligações dissulfureto. Cada metade é constituída por uma cadeia pesada de aproximadamente 50 kDa e uma cadeia leve de aproximadamente 25 kDa, unidas por uma ligação dissulfureto perto da extremidade carboxilo da cadeia leve. A cadeia pesada divide-se numa parte de Fc, que se encontra na extremidade carboxílica (base Y), e numa parte de Fab, que se encontra na extremidade amino (ombro Y). As cadeias de hidratos de carbono estão ligadas à porção Fc da molécula. Parte da molécula de Ig Fc é constituída apenas por cadeias pesadas. As regiões Fc de IgG e IgM podem ligar-se a receptores na superfície de células imunomoduladoras, como os macrófagos, e estimular a libertação de citocinas que regulam a resposta imunitária. A região Fc contém sequências de proteínas comuns a todas as Ig, bem como determinantes exclusivos de determinadas classes. Cada monómero de Ig é capaz de se ligar a duas moléculas de antigénio.

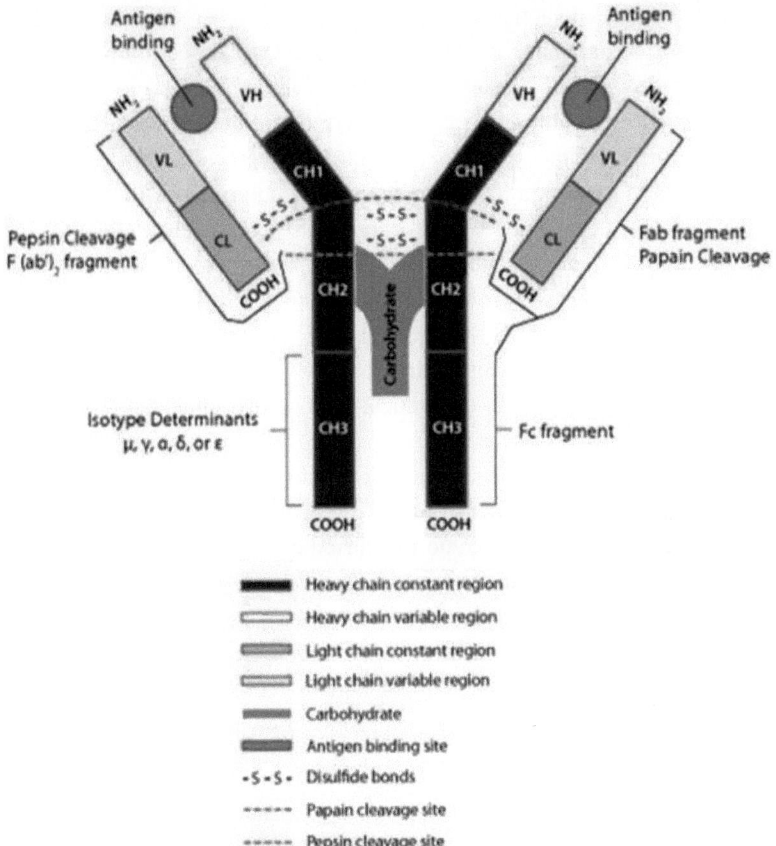

Fig. 10. A estrutura das imunoglobulinas

Parâmetros termodinâmicos e cinéticos da interação anticorpo-antigénio

O antigénio e o anticorpo interagem através de uma ligação de elevada afinidade, tal como uma fechadura e uma chave. Existe um equilíbrio dinâmico para a ligação. Por exemplo, a reação é reversível e pode ser expressa da seguinte forma

$$[Ab] + [Ag] \leftrightarrow [AbAg],$$

em que [Ab] é a concentração de anticorpos e [Ag] é a concentração de antigénio, no estado livre ([Ab],[Ag]) ou ligado ([AbAg]).

A constante de associação de equilíbrio pode, portanto, ser representada como:

$$K_a = k_{on}/k_{off} = [AbAg]/[Ab][Ag] = r/c\,(n-r),$$

em que K é a constante de equilíbrio, c é a concentração do ligando livre, r representa o rácio entre a concentração do ligando ligado e a concentração total do anticorpo e n é o número máximo de locais de ligação por molécula de anticorpo (a valência do anticorpo).

Os parâmetros termodinâmicos representam o estado de equilíbrio em que a energia livre de Gibbs é a mais baixa. Para a interação molecular, um valor negativo elevado da variação da energia livre de Gibbs padrão (. $G°$) após a interação define uma interação forte. A fim de compreender a força motriz da interação, a variação é expressa como a soma da contribuição da entalpia e da entropia, que são identificadas experimentalmente. Para as interações anticorpo-antigénio, a variação de entalpia padrão após a interação (. $H°$) está principalmente associada à formação de ligações não covalentes e à alteração da conformação. A variação da entropia padrão ($AS°$), por outro lado, está frequentemente associada ao comportamento das moléculas de água ligadas e à flexibilidade conformacional do anticorpo ou do antigénio (5, 15). A contribuição energética de cada fenómeno é importante em teoria, mas dificilmente se distingue nas experiências. Para a análise das mutações, a alteração relativa destes parâmetros (*ou seja, JJG°, AAH°, US°*) por substituição de aminoácidos é interpretada como a contribuição energética de cada resíduo de aminoácido. Estes parâmetros termodinâmicos são geralmente calculados a partir de gráficos de van't Hoff de $AG°$ ou da alteração da entalpia medida diretamente com a calorimetria de titulação isotérmica (ITC). Os parâmetros termodinâmicos medidos podem ser combinados com informações estruturais para elucidar a função energética de cada resíduo a nível atómico.

A figura 3 mostra a interação dos sistemas mental, nervoso, endócrino e imunológico.

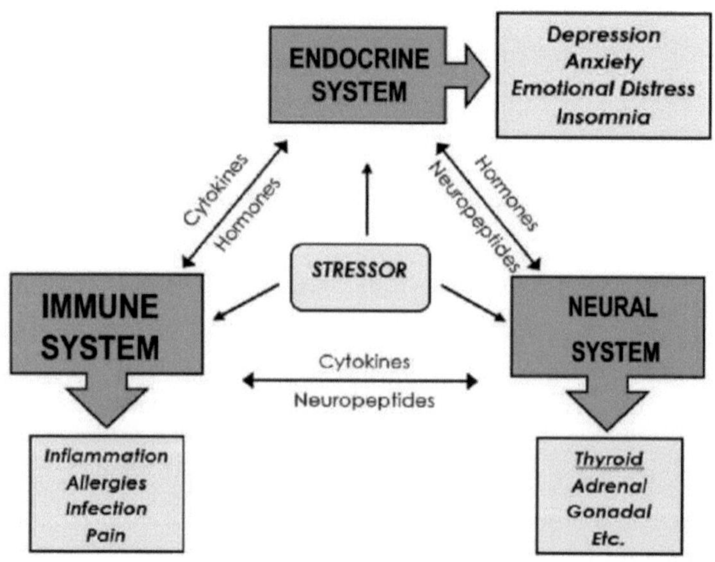

Fig. IIA interação dos sistemas mental, nervoso, endócrino e imunológico.

4. Conclusões

Os sistemas mental, nervoso, endócrino e imunitário estão em estreita interação e formam, na verdade, um único sistema de controlo do corpo e da sua autodefesa contra várias influências externas.

Os parâmetros termodinâmicos e cinéticos e os métodos de modificação química de um antigénio são apresentados com base no exemplo da interação antigénio-anticorpo. As análises termodinâmicas, cinéticas e estruturais de complexos anticorpo-antigénio mutantes fornecem informações fundamentais sobre a formação de complexos em termos da contribuição de aminoácidos individuais.

Propusemos uma nova ciência - a psiconeuroendocrinoimunologia química (CPNEI), que estuda os mecanismos neuroquímicos de interação dos sistemas mental, nervoso, endócrino e imunitário.

Referências

[1] Alberts, B., et al. (1983). Molecular Biology of the Cell. Garland Publishing, Nova Iorque, NY.

[2] Harlow, E. e Lane, D. (1988). Antibodies: A Laboratory Manual. Cold Spring Harbor Laboratory, Cold Spring Harbor, NY.

[3] Sites, D.P., et al. (1976). Basic & Clinical Immunology. Lange Medical Publication, Los Altos, CA.

[4] Hiroki Akiba, Kouhei Tsumoto, *The Journal of Biochemistry*, Volume 158, 2015, P 1-13.

VII. Mecanismo neuroquímico da comunicação social

As comunicações sociais no cérebro são formadas devido a interações complexas entre vários neurotransmissores, redes neuronais e estruturas cerebrais. Os principais elementos deste processo incluem:

1. Neurotransmissores:

Oxitocina: Muitas vezes chamada de "hormona do amor" ou "hormona social", desempenha um papel importante na ligação social, empatia e confiança.

Vasopressina: Influencia o comportamento social e a agressão. Está envolvida na regulação da ligação entre pares e no comportamento parental.

Dopamina: Influencia a recompensa e a motivação, o que contribui para a formação de interações sociais positivas.

Serotonina: influencia o humor e o comportamento social, incluindo a agressividade e a dominância.

2. Estruturas cerebrais:

Amígdala: Importante para o processamento de emoções, especialmente o medo e a agressão. Envolvida na avaliação do contexto social e na determinação de respostas a estímulos sociais.

Córtex pré-frontal: Importante para a tomada de decisões, planeamento e regulação do comportamento social. Ajuda a avaliar as consequências das acções sociais e a controlar o comportamento impulsivo.

Hipocampo: Envolvido na formação da memória e na aprendizagem, o que é importante para recordar interações e experiências sociais.

3. Aprendizagem social:

O cérebro aprende e adapta-se continuamente com base em experiências sociais anteriores. Por exemplo, as experiências sociais positivas podem aumentar o desejo de participar em mais interações sociais, enquanto as experiências negativas podem levar ao evitamento.

Os mecanismos neuroquímicos da comunicação social trabalham em estreita coordenação para proporcionar adaptação e flexibilidade no comportamento, permitindo que as pessoas interajam eficazmente em contextos sociais.

Discurso e pensamento

A fala e o pensamento estão intimamente relacionados e influenciam-se mutuamente. A sua relação pode ser considerada de vários pontos de vista:

1. O papel do discurso no pensamento:

Ferramenta de pensamento: A fala serve como ferramenta para organizar e estruturar pensamentos. A verbalização ajuda a formular claramente as ideias e o raciocínio.

Diálogo interno: O discurso interior (discurso mental) ajuda uma pessoa a pensar em acções, a planear e a resolver problemas. Permite-nos considerar diferentes cenários e avaliar as consequências.

Conceitos e categorias: A linguagem ajuda a formar e a utilizar conceitos e categorias, o que facilita o processamento da informação e a tomada de decisões.

2. O papel do pensamento no discurso:

Formação do conteúdo: O pensamento determina o conteúdo do que dizemos. As nossas ideias, conhecimentos e intenções são expressos através do discurso.

Planeamento e organização: Antes de dizer algo, o cérebro planeia e organiza o discurso, escolhendo palavras e construindo frases para transmitir eficazmente a ideia.

3. Interação da fala e do pensamento:

Feedback: O processo da fala pode influenciar o pensamento. Quando falamos, recebemos feedback tanto dos outros como de nós próprios, o que pode corrigir e desenvolver os nossos pensamentos.

Aprendizagem e desenvolvimento: A língua desempenha um papel importante na aprendizagem e no desenvolvimento cognitivo. Através da fala e da interação com os outros, aprendemos coisas novas e desenvolvemos as nossas capacidades cognitivas.

4. Teorias psicológicas:

Hipótese de Sapir-Whorf: Esta hipótese afirma que a língua que uma pessoa utiliza influencia a sua perceção do mundo e o seu pensamento. Línguas diferentes podem estruturar o pensamento e a perceção de formas diferentes.

Vygotsky: Lev Vygotsky defendeu que a fala e o pensamento se desenvolvem inicialmente de forma independente um do outro, mas com o tempo começam a entrelaçar-se e a fala interior torna-se a principal ferramenta do pensamento.

Assim, a fala e o pensamento estão em constante interação, apoiando-se e influenciando-se mutuamente. Esta interação ajuda-nos a compreender melhor e a ter consciência do mundo que nos rodeia, bem como a comunicar e a resolver problemas de forma eficaz.

Os neurotransmissores, a fala e o pensamento interagem entre si a vários níveis. Eis como interagem:

1. O papel dos neurotransmissores no pensamento e na fala:

Dopamina: Importante para a motivação, atenção e recompensa. Níveis elevados de dopamina estão associados a uma melhor função cognitiva, o que ajuda a pensar e a formular o discurso. A dopamina também afecta a aprendizagem e a memória.

Serotonina: Afecta o humor, a estabilidade emocional e a função cognitiva geral. Os níveis de serotonina podem traduzir-se em auto-confiança e na capacidade de verbalizar pensamentos. Níveis baixos de serotonina estão associados à depressão, o que pode dificultar o pensamento e a fala.

Acetilcolina: Importante para a atenção e a memória. Desempenha um papel fundamental nos processos cognitivos, incluindo a aprendizagem e a recordação de novas memórias, que são importantes para pensar e falar.

Glutamato: Um dos principais neurotransmissores excitatórios importantes para a plasticidade sináptica, que é necessária para a aprendizagem e a memória.

GABA (ácido gama-aminobutírico): O neurotransmissor inibitório primário que ajuda a regular o disparo neuronal e promove o equilíbrio no cérebro. É importante para manter a concentração e a estabilidade cognitiva.

1. A influência dos neurotransmissores nos processos da fala e do pensamento:

Formação e organização do pensamento: Os neurotransmissores afectam a atividade de várias áreas do cérebro que estão envolvidas na formação e organização dos pensamentos. Por exemplo, o equilíbrio entre a dopamina e a serotonina afecta o córtex pré-frontal, que é responsável pelo planeamento, pela tomada de decisões e pela verbalização dos pensamentos.

Funções cognitivas: Os neurotransmissores, como a acetilcolina e o glutamato, facilitam as funções cognitivas necessárias para compreender, processar e exprimir a informação. Proporcionam plasticidade neural, o que lhe permite aprender coisas novas e adaptar os seus pensamentos à medida que comunica.

Os neurotransmissores, a fala e o pensamento estão interligados e influenciam-se mutuamente a vários níveis. Eis como interagem:

O papel dos neurotransmissores no pensamento e na fala:

Dopamina: Importante para a motivação, atenção e recompensa. Níveis elevados de dopamina estão associados a uma melhor função cognitiva, o que ajuda a pensar e a formular o discurso. A dopamina também afecta a aprendizagem e a memória.

Serotonina: Afecta o humor, a estabilidade emocional e o processamento cognitivo geral. Os níveis de serotonina podem afetar a autoconfiança e a capacidade de verbalizar pensamentos. Níveis baixos de serotonina estão associados à depressão, o que pode dificultar o pensamento e a fala.

Acetilcolina: Importante para a atenção e a memória. Desempenha um papel fundamental nos processos cognitivos, incluindo a aprendizagem e a formação de novas memórias, o que é importante para pensar e falar.

Glutamato: O principal neurotransmissor excitatório, importante para a plasticidade sináptica, que é necessária para a aprendizagem e a memória.

GABA (ácido gama-aminobutírico): O principal neurotransmissor inibitório que ajuda a regular os disparos neuronais e assegura o equilíbrio no cérebro. É importante para manter a concentração e a estabilidade cognitiva.

2. O efeito dos neurotransmissores nos processos da fala e do pensamento:

Formação e organização do pensamento: Os neurotransmissores afectam a atividade de várias áreas do cérebro que estão envolvidas na formação e organização dos pensamentos. Por exemplo, o equilíbrio entre a dopamina e a serotonina afeta o córtex pré-frontal, que é responsável pelo planeamento, pela tomada de decisões e pela verbalização dos pensamentos.

Funções cognitivas: Os neurotransmissores, como a acetilcolina e o glutamato, promovem as funções cognitivas necessárias para compreender, processar e exprimir a informação. Proporcionam plasticidade neural, o que lhe permite aprender coisas novas e adaptar os seus pensamentos à medida que comunica.

Regulação emocional: A serotonina e outros neurotransmissores que alteram o humor desempenham um papel fundamental na regulação emocional, o que, por sua vez, afecta a capacidade de exprimir os pensamentos de forma clara e eficaz através da fala.

3. Fundamentos neurobiológicos:

Estruturas cerebrais: Diferentes áreas do cérebro, como o córtex pré-frontal, o hipocampo e o sistema límbico, interagem através de neurotransmissores para coordenar o pensamento e os processos da fala. O córtex pré-frontal é responsável pelo pensamento complexo e pela tomada de decisões, o hipocampo pela memória e o sistema límbico pelas emoções.

Redes neuronais: As redes neuronais complexas baseadas em interações de neurotransmissores apoiam os processos cognitivos e a atividade da fala. Estas redes asseguram a integração da informação sensorial, da memória e da emoção, o que nos permite formar e exprimir pensamentos.

Assim, os neurotransmissores desempenham um papel fundamental na manutenção das funções cognitivas e dos processos da fala, influenciando vários aspectos do pensamento e da verbalização.

O mecanismo de transmissão de sinais químicos no cérebro

O mecanismo de sinalização química no cérebro envolve várias etapas fundamentais:

1. Síntese e armazenamento de neurotransmissores: Os neurotransmissores são substâncias químicas que são sintetizadas nos neurónios e armazenadas nas vesículas sinápticas.

2. Libertação de neurotransmissores: Quando um impulso elétrico (potencial de ação) atinge o terminal sináptico de um neurónio, as vesículas que contêm neurotransmissores fundem-se com a membrana pré-sináptica e libertam neurotransmissores na fenda sináptica.

3. Difusão através da fenda sináptica: Os neurotransmissores difundem-se através da fenda sináptica e ligam-se a receptores na membrana pós-sináptica.

4. Resposta pós-sináptica: A ligação dos neurotransmissores aos receptores provoca alterações na célula pós-sináptica. Isto pode resultar na geração de um novo impulso elétrico ou na modulação da atividade da célula.

5. Remoção de neurotransmissores: Os neurotransmissores são removidos da fenda sináptica através de degradação enzimática, recaptação para o neurónio pré-sináptico ou difusão para fora da fenda sináptica. Este processo assegura uma transmissão precisa e rápida dos sinais entre os neurónios, o que é necessário para o funcionamento do sistema nervoso e para a realização de tarefas cognitivas e comportamentais complexas.

Mecanismo neuroquímico do processo de pensamento

O mecanismo neuroquímico do processo de pensamento envolve uma interação complexa de vários neurotransmissores, receptores e redes neuronais. As principais fases deste processo podem ser descritas da seguinte forma:

1. Processamento sensorial e perceção:

Os neurónios dos sistemas sensoriais (por exemplo, visual, auditivo, tátil) transmitem ao cérebro informações sobre o mundo exterior.

Esta informação é processada nas áreas sensoriais correspondentes do córtex cerebral.

2. Processamento e integração da informação:

A informação é transmitida para as áreas de associação do córtex, onde os dados sensoriais são integrados.

É aqui que ocorre a análise, a comparação com conhecimentos previamente adquiridos e a criação de representações cognitivas mais complexas.

3. Função dos neurotransmissores:

O glutamato e o GABA (ácido gama-aminobutírico) desempenham um papel fundamental nos processos excitatórios e inibitórios, respetivamente.

A dopamina está envolvida nos processos de motivação e recompensa.

A serotonina afecta o humor e o estado emocional.

A acetilcolina é importante para os processos de atenção e memória.

4. Formação do pensamento e tomada de decisões:

O córtex pré-frontal desempenha um papel fundamental na formação de pensamentos abstractos, no planeamento e na tomada de decisões.

As interações entre diferentes áreas corticais e estruturas subcorticais (como os gânglios basais e o sistema límbico) permitem a realização de tarefas cognitivas complexas.

5. Plasticidade e aprendizagem:

A plasticidade sináptica (a capacidade de as sinapses alterarem a sua força) desempenha um papel importante na aprendizagem e na memória.

A potenciação longitudinal (LTP) e a depressão (LTD) são os principais mecanismos da plasticidade sináptica, permitindo alterar a eficácia da transmissão sináptica.

6. Utilização da memória:

O hipocampo e outras estruturas do sistema límbico estão envolvidos na formação e recuperação de memórias de longo prazo.

A memória de curto prazo e a memória de trabalho são fornecidas pela atividade do córtex pré-frontal e de outras áreas relacionadas.

Todo este processo complexo é controlado e modulado por vários sinais químicos e interações entre os neurónios, o que permite ao cérebro processar eficazmente a informação, formar pensamentos e tomar decisões.

Mecanismo neuroquímico da tomada de decisões

A tomada de decisões envolve interações complexas entre vários neurotransmissores e redes neuronais. Os principais aspectos deste processo incluem:

1. Entrada sensorial e perceção:

As informações provenientes do ambiente externo entram no cérebro através dos sistemas sensoriais (visão, audição, etc.).

A informação sensorial primária é processada nas áreas sensoriais apropriadas do córtex cerebral.

2. Análise e integração da informação:

A informação sensorial processada é transmitida para as áreas de associação do córtex, onde é integrada e analisada.

O córtex pré-frontal desempenha um papel fundamental no planeamento, na avaliação das opções e na previsão das consequências.

3. O papel dos neurotransmissores:

Dopamina: Importante para a avaliação de recompensas e riscos, motivação e prazer. O sistema dopaminérgico, especialmente a via mesolímbica, está envolvido na avaliação de ganhos potenciais e na tomada de decisões baseadas em recompensas.

Serotonina: Afecta o humor, a impulsividade e o controlo emocional. O sistema serotoninérgico ajuda a modular as respostas emocionais e o comportamento impulsivo.

Norepinefrina: Envolvida na regulação da atenção e nas respostas ao stress. O sistema da norepinefrina influencia a capacidade de concentração e de tomada de decisões em situações de stress.

Glutamato e GABA: Os principais neurotransmissores excitatórios e inibitórios. Garantem o equilíbrio entre a excitação e a inibição nas redes neuronais, o que é importante para uma tomada de decisões precisa e consistente.

4. Córtex pré-frontal:

Inclui o córtex pré-frontal dorsolateral (DLPFC), que é responsável pela memória de trabalho, pelo controlo cognitivo e pelo planeamento.

O córtex pré-frontal ventromedial (vmPFC) está envolvido na avaliação da recompensa e na escolha emocional.

1. Estruturas subcorticais:

Gânglios basais: Inclui estruturas como o striatum, que estão envolvidas na formação de hábitos e acções automáticas.

Sistema límbico: A amígdala e outras estruturas estão envolvidas na avaliação emocional e nos aspectos motivacionais da tomada de decisões.

2. Tomada de decisões:

Avaliação das opções: O córtex pré-frontal analisa diferentes cursos de ação, avaliando os seus potenciais benefícios e riscos.

Escolha: Os prós e os contras de cada opção são ponderados, envolvendo a dopamina e a serotonina, que modulam os aspectos motivacionais e emocionais.

Execução: Uma vez tomada a decisão, as áreas motoras do córtex e dos gânglios basais são activadas para executar a ação.

3. Feedback e ajustamento:

Depois de executada a ação, o cérebro recebe feedback sobre os resultados.

Esta informação é utilizada para ajustar decisões futuras, envolvendo sistemas de recompensa e de aprendizagem como o sistema dopaminérgico e o hipocampo.

A tomada de decisões é, portanto, um processo dinâmico que envolve a interação de múltiplos neurotransmissores e redes neuronais, permitindo ao cérebro analisar eficazmente a informação, ponderar as opções e escolher as melhores acções.

VIII. A equação da informação de Shannon

A equação básica da informação de Shannon é o elemento central da teoria da informação desenvolvida por Claude Shannon. Esta equação é utilizada para quantificar a informação transmitida através de um canal de comunicação. A equação de informação para a entropia $H(X)H(X)H(X)$ de uma variável aleatória XXX é

$$H(X) = -\sum_i P(xi) \log_b P(xi)\ H(X),$$

em que: H(X) - entropia de uma variável aleatória XXX, $P(xi)$ - a probabilidade de XXX assumir o valor xix_ixi, $\log_b$ - logaritmo à base b (geralmente b = 2 é usado para o sistema binário).

A entropia H(X) mede a quantidade média de informação, incerteza ou surpresa associada aos valores possíveis de uma variável aleatória X.

Vamos considerar a solução desta equação usando um sistema simples de dois estados como exemplo.

Exemplo. Digamos que temos uma fonte de informação que pode estar em dois estados com probabilidades P(0) = 0,7 e P(1) = 0,3.

1. Para o estado 0: P(0) = 0,7.

2. Para o estado 1: P(1) = 0,3.

A entropia H(X) será então calculada do seguinte modo

$$H(X) = - [P(0)\ \log_2 P(0) + P(1)\ \log_2 P(1)]$$

Substituímos os valores:

$$H(X) = - [0,7 \log_2 0,7 + 0,3 \log_2 0,3]$$

Agora calculamos os logaritmos e os produtos:

log2 0,7 " - 0,5146

log2 0,3 " -1,737

Então:

$$H(X) = - [0,7 \text{-} C\text{-}0,5146) + 0,3\text{-}C\text{-}1,737)]$$

$$H(X) = - [-0{,}36022 - 0{,}5211]$$
$$H(X) = 0{,}36022 + 0{,}5211$$
$$H(X) \approx 0{,}8813.$$

Assim, a entropia deste sistema é de aproximadamente 0,8813 bits. Esta é a quantidade de informação que obtemos ao observar um estado do sistema.

Tentemos pensar na possível integração da equação de Einstein $E = mc^2$ e da equação da informação de Shannon $H(X) = -\sum_i P(x_i) \log_b P(x_i)$. A adição ou multiplicação direta destas equações não faz sentido do ponto de vista físico, uma vez que descrevem aspectos diferentes da realidade - uma está relacionada com a física e a energia e a outra com a teoria da informação.

No entanto, é possível tentar encontrar uma ligação significativa entre estes conceitos. Por exemplo, no contexto da investigação moderna que combina a física e a informação (por exemplo, a teoria da informação quântica), é possível explorar a forma como a informação e a energia estão interligadas nos sistemas.

Energia e Informação

Na teoria da informação quântica, existe um princípio chamado princípio de Landauer, que afirma que apagar um bit de informação requer uma certa quantidade de energia. A energia necessária para apagar um bit de informação é:
$$E = kT \ln 2,$$
em que: k - constante de Boltzmann, T - temperatura em Kelvins, ln2 - logaritmo natural 2.

Integração de conceitos

Se considerarmos isto à luz da equação de Einstein, podemos teoricamente raciocinar que a massa e a energia estão relacionadas com a informação através do princípio de Landauer. Por exemplo, se tivermos um sistema com uma certa entropia de informação, podemos calcular a energia mínima necessária para processar essa informação.

Vamos supor que temos um sistema com entropia $H(X)$ e que queremos estimar a energia necessária para apagar informação:

1. Calcular a quantidade de informação em bits (entropia).

2. Utilize o princípio de Landauer para determinar a energia.

Seja a entropia do sistema $H(X) = 0{,}8813$ bits (como no exemplo anterior).

A energia para apagar esta informação a uma temperatura de $T = 300$ K (aproximadamente à temperatura ambiente):
$$E = kT\, H(X) \ln 2.$$

Constante de Boltzmann $k \approx 1{,}38 \times 10^{-23}$ J/K.

$$E = 1.38 \times 10^{-23} \times 300 \times 0.8813 \times \ln 2$$

$$E \approx 1.38 \times 10^{-23} \times 300 \times 0.8813 \times 0.693$$

$$E \approx 2.53 \times 10^{-21} \text{ J.}$$

Assim, a energia necessária para apagar 0,8813 bits de informação a 300 K é de aproximadamente $2,53 \times 10^{-21}$ J.

Embora não faça sentido uma unificação direta das equações de Einstein e de Shannon, é possível encontrar ligações interessantes entre as grandezas físicas e a informação através de princípios como o princípio de Landauer. Isto mostra que a informação e a energia podem estar relacionadas em sistemas físicos, especialmente ao nível quântico.

O princípio de Landauer afirma que apagar um bit de informação num sistema informático resulta inevitavelmente na libertação de uma certa quantidade de energia térmica. Esta quantidade mínima de energia necessária para apagar informação está relacionada com a entropia do sistema e a temperatura do ambiente.

O princípio de Landauer pode ser expresso pela seguinte equação:

$$E = kT \ln 2,$$

em que: E - a energia necessária para apagar um bit de informação, k - constante de Boltzmann $(\approx 1.38 \times 10^{-23}$, T — temperatura ambiente absoluta em Kelvin, ln2 - logaritmo natural $2 \ (\approx 0.693)$.

O princípio de Landauer baseia-se na segunda lei da termodinâmica, que afirma que a entropia de um sistema fechado não pode diminuir. A eliminação de informação (transição do sistema para um determinado estado) diminui a entropia da informação, mas é compensada por um aumento da entropia do ambiente. A energia necessária para este processo é libertada sob a forma de calor.

Exemplo 1: Apagar um bit de informação

Vamos calcular a energia necessária para apagar um bit de informação à temperatura ambiente T = 300 K.

$$E = kT \ln 2$$

Substituir os valores:

$$E = 1.38 \times 10^{-23} \times 300 \times \ln 2.$$

$$E \approx 1.38 \times 10^{-23} \times 300 \times 0.693.$$

$$E \approx 2.87 \times 10^{-21} \text{ J.}$$

Assim, a energia necessária para apagar um bit de informação a 300 K é de aproximadamente $2,87 \times 10^{-21}$ J.

Exemplo 2: Apagar uma grande quantidade de informação

Se for necessário apagar 1 megabyte de informação (1 MB = 8x106 bits), a energia necessária para este processo à mesma temperatura é:

$$E = 8 \times 106 \times 2.87 \times 10^{-21} \, J.$$

$$E \approx 2.30 \times 10^{-14} \, J.$$

O princípio de Landauer é importante para compreender as limitações fundamentais dos sistemas de computação e da teoria da informação quântica. Mostra que a informação e a entropia física estão inter-relacionadas e que existem limites energéticos no processo de processamento da informação.

Na investigação moderna em nanotecnologia e computação quântica, este princípio ajuda a determinar os custos mínimos de energia e a conceber dispositivos de computação mais eficientes.

As concentrações de neurotransmissores no tecido cerebral podem variar consoante a região cerebral específica, a espécie, a idade e o estado do organismo. Seguem-se valores aproximados para alguns neurotransmissores chave:

1. **Serotonina (5-HT)**: A concentração média de serotonina no tecido cerebral humano é de cerca de 0,1-0,3 g/g.

2. **Dopamina (DA)**: A concentração média de dopamina no cérebro humano é de cerca de 0,2-0,5 g/g.

3. **Norepinefrina (NA)**: A concentração de norepinefrina no tecido cerebral é normalmente de cerca de 0,1-0,3 g/g.

4. **Glutamato**: O glutamato é o principal neurotransmissor excitatório no cérebro, e a sua concentração pode ser de cerca de 5-15 gg/g.

5. **GABA (ácido y-aminobutírico)**: A concentração de GABA no cérebro é de cerca de 1-5 g/g.

6. **Acetilcolina (ACh)**: A concentração de acetilcolina no cérebro é normalmente de cerca de 0,01-0,05 gg/g.

Estes valores são aproximados e podem variar significativamente em função de muitos factores.

Os neurotransmissores desempenham um papel fundamental numa série de processos cognitivos, incluindo a atenção, a memória e a aprendizagem. Eis os principais:

Acetilcolina

Efeito na atenção: A acetilcolina ajuda a aumentar a atenção e o estado de alerta.

Efeito na memória e na aprendizagem: É importante para a formação e recuperação da memória. Os níveis de acetilcolina são particularmente elevados no hipocampo, uma região do cérebro associada à consolidação da memória a longo prazo.

Dopamina

Efeito na atenção: A dopamina desempenha um papel importante no controlo da atenção, especialmente no contexto da motivação e da recompensa.

Efeito na memória e na aprendizagem: Favorece a aprendizagem através do mecanismo de recompensa, reforçando as associações entre as acções e as suas consequências.

Norepinefrina (noradrenalina)

Efeito na atenção: A norepinefrina melhora a concentração e a manutenção da atenção, especialmente em situações de stress.

Efeito na memória e na aprendizagem: Promove a consolidação da memória, melhorando a recordação de acontecimentos, especialmente os emocionalmente significativos...

Serotonina

Atenção: A serotonina regula o humor e os níveis de ansiedade, o que, por sua vez, pode afetar a capacidade de concentração.

Memória e aprendizagem: A serotonina está envolvida nos processos de aprendizagem e memória, especialmente no contexto das memórias emocionais.

Glutamato

Atenção: O glutamato é o principal neurotransmissor excitatório que apoia as funções cognitivas, incluindo a atenção.

Memória e aprendizagem: É fundamental para os processos de plasticidade sináptica, como a potenciação a longo prazo (LTP), que é a base da aprendizagem e da memória.

GABA (ácido gama-aminobutírico)

Atenção: O GABA é o principal neurotransmissor inibitório que ajuda a manter o equilíbrio entre a excitação e a inibição no cérebro, o que é necessário para uma atenção eficaz.

Efeitos na memória e na aprendizagem: Embora o GABA seja conhecido principalmente pelas suas funções inibitórias, também desempenha um papel na plasticidade sináptica e pode influenciar a aprendizagem e a memória.

Estes neurotransmissores interagem para criar redes complexas que regulam as nossas capacidades cognitivas. O equilíbrio e a interação entre eles são fundamentais para o funcionamento normal do cérebro.

Os neurotransmissores têm um impacto significativo no pensamento e na consciência porque regulam a comunicação entre os neurónios no cérebro. Eis os principais neurotransmissores que influenciam estes processos e as suas acções:

Glutamato

Efeito no pensamento: O glutamato é o principal neurotransmissor excitatório do cérebro e desempenha um papel fundamental nas funções cognitivas, como o pensamento, a perceção e o raciocínio lógico.

Efeito na consciência: O glutamato mantém a vigília e a consciência ao promover a plasticidade sináptica e a ativação neural.

GABA (ácido gama-aminobutírico)

Efeito no pensamento: O GABA é o principal neurotransmissor inibitório, que reduz a sobre-excitação e evita que os neurónios sejam sobre-estimulados. Isto ajuda a manter o equilíbrio e a estabilidade do pensamento.

Efeito na consciência: O GABA promove o relaxamento e reduz a ansiedade, o que pode afetar os níveis de consciência e perceção.

Acetilcolina

Efeito no pensamento: A acetilcolina é importante para os processos de atenção, aprendizagem e memória, o que afecta diretamente o pensamento e as funções cognitivas.

Efeito na consciência: Promove a vigília e o estado de alerta, que é a base da perceção consciente.

Dopamina

Efeitos no pensamento: A dopamina desempenha um papel importante na motivação, recompensa e comportamento orientado para objectivos, o que afecta a tomada de decisões e o planeamento.

Efeitos na consciência: Os sistemas dopaminérgicos estão associados a sensações de prazer e satisfação, afectando os estados emocionais e os níveis de consciência.

Serotonina

Efeitos no pensamento: A serotonina afecta o humor, as emoções e os processos cognitivos, como a perceção e o processamento da informação.

Efeitos na consciência: Regula os ciclos de sono-vigília, o que é importante para manter níveis normais de consciência.

Norepinefrina (noradrenalina)

Efeitos no pensamento: A norepinefrina melhora a atenção e a concentração, especialmente sob stress, o que afecta os processos cognitivos.

Efeitos na consciência: Ajuda a manter o estado de alerta e os tempos de resposta rápidos, o que é importante para um estado ativo e consciente.

Estes neurotransmissores interagem entre si para formar redes complexas que regulam os nossos processos de pensamento e níveis de consciência. O equilíbrio entre os neurotransmissores excitatórios e inibitórios é especialmente importante para manter uma função cognitiva saudável e uma perceção consciente do mundo que nos rodeia.

O pensamento envolve processos complexos que dependem da interação de várias fases neuroquímicas. Estas etapas podem ser divididas em várias fases-chave:

1. Perceção e processamento sensorial

Neurotransmissores: Glutamato, GABA, acetilcolina.

Processo: Durante esta fase, a informação sensorial do mundo exterior é recebida pelos sentidos e transmitida ao cérebro para processamento. O glutamato promove a excitação neuronal e a transmissão de sinais sensoriais, enquanto o GABA ajuda a regular os níveis de atividade, evitando a excitação excessiva. A acetilcolina é importante para melhorar a perceção sensorial e a atenção.

2. Codificação e processamento primário da informação

Neurotransmissores: Glutamato, dopamina.

Processo: A informação sensorial é codificada e transmitida a várias áreas do cérebro para processamento primário. O glutamato desempenha um papel fundamental nesta fase, apoiando a transmissão sináptica e a plasticidade. A dopamina promove a motivação e a concentração, melhorando a função cognitiva.

3. Memória de trabalho e atenção

Neurotransmissores: Dopamina, norepinefrina, acetilcolina.

Processo: Nesta fase, a informação é guardada na memória de trabalho para posterior processamento e análise. A dopamina e a norepinefrina melhoram a atenção e a concentração, mantendo a atividade no córtex pré-frontal. A acetilcolina ajuda a manter a informação na memória de trabalho e melhora os processos cognitivos.

4. Análise e interpretação da informação

Neurotransmissores: Glutamato, dopamina, serotonina.

Processo: O processamento de informação envolve a análise, a interpretação e a integração de vários dados. O glutamato promove a plasticidade sináptica e a formação de conexões neurais, o que é importante para análises complexas. A dopamina ajuda na tomada de decisões e no planeamento. A serotonina regula os aspectos emocionais do pensamento, influenciando o humor e a perceção.

5. Formando Inferências e Tomando Decisões

Neurotransmissores: Dopamina, norepinefrina, serotonina.

Processo: Esta fase envolve a formação de inferências e a tomada de decisões com base nas informações processadas. A dopamina desempenha um papel fundamental nos mecanismos de recompensa e motivação, influenciando a escolha e a tomada de decisões. A norepinefrina contribui para a concentração e as reacções rápidas, enquanto a serotonina ajuda a regular os aspectos emocionais da tomada de decisões.

6. Consolidação e armazenamento da memória

Neurotransmissores: Glutamato, acetilcolina, serotonina.

Processo: Após o processamento e a análise, a informação é armazenada na memória de longo prazo. O glutamato está envolvido em processos de plasticidade sináptica, como a potenciação a longo prazo (LTP), que é necessária para a consolidação da memória. A acetilcolina ajuda a manter as redes neuronais activas e melhora a consolidação da memória. A serotonina também desempenha um papel na consolidação emocional das memórias.

Estas fases neuroquímicas interagem entre si para formar redes complexas que apoiam os processos cognitivos e permitem um pensamento eficaz.

Para criar um gráfico das relações entre a concentração de serotonina, a esperança de vida e o estatuto social, temos de determinar como é que estes parâmetros estão exatamente relacionados. Os dados mostram uma correlação positiva direta entre a concentração de serotonina e a esperança de vida, bem como entre a concentração de serotonina e o estatuto social.

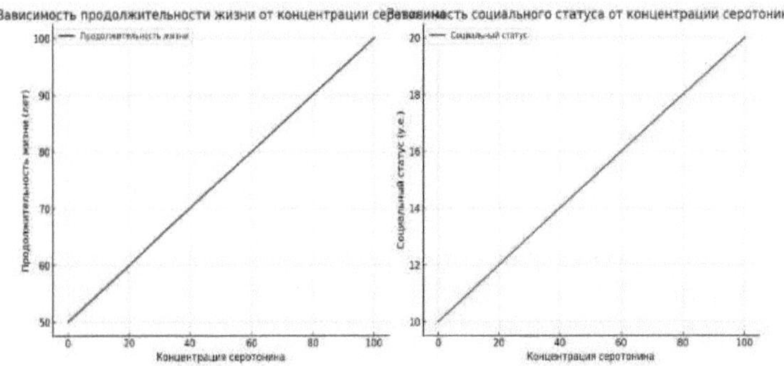

1. Dependência da esperança de vida em relação à concentração de serotonina: À medida que a concentração de serotonina aumenta, a esperança de vida também aumenta.

2. Dependência do estatuto social da concentração de serotonina: À medida que a concentração de serotonina aumenta, o estatuto social também aumenta.

Modelo tridimensional para a emoção e os neurotransmissores 5-HT, DA, Glu

Criar um modelo tridimensional para representar a relação entre as emoções e os neurotransmissores serotonina (5-HT), dopamina (DA) e glutamato (Glu) pode ser complexo, mas eis um modelo concetual simplificado:

Definição de eixos

1. **Eixo X: Níveis de dopamina (DA)**

o Baixo: Associado a baixa motivação, anedonia (falta de prazer).

o Elevado: Associado a uma elevada motivação, prazer e recompensa.

2. **Eixo Y: Níveis de serotonina (5-HT)**

o Baixo: Associado a depressão, ansiedade e irritabilidade.

o Alta: Associado à estabilização do humor, felicidade e calma.

3. **Eixo Z: Níveis de glutamato (Glu)**

o Baixo: Associado a deficiências cognitivas, falta de concentração.

o Elevado: Associado a funções cognitivas melhoradas, mas níveis excessivos podem ser neurotóxicos e levar a excitotoxicidade.

Descrição do modelo 3D

Neste modelo, cada ponto no espaço 3D representa uma combinação única de níveis de neurotransmissores, que correspondem a diferentes estados emocionais.

- **Baixa DA, baixa 5-HT, baixa Glu**: Um estado de depressão, baixa motivação e deficiência cognitiva.

- **Alta DA, baixa 5-HT, baixa Glu**: Elevada motivação e comportamento de procura de recompensas, mas potencialmente irritável ou ansioso.

- **Baixa DA, alta 5-HT, baixa Glu**: Calmo e satisfeito, mas possivelmente com falta de motivação ou prazer.

- **Alto DA, alto 5-HT, baixo Glu**: Otimamente motivado e feliz.

- **Baixa DA, baixa 5-HT, alta Glu**: A função cognitiva pode ser elevada, mas as emoções são baixas e falta motivação.

- **Alta DA, baixa 5-HT, alta Glu**: Elevada função cognitiva e motivação, mas possivelmente com irritabilidade.

- **Baixa DA, alta 5-HT, alta Glu**: Calmo e satisfeito com elevada função cognitiva.

- **Alto DA, alto 5-HT, alto Glu**: Estado ideal com elevada motivação, felicidade e função cognitiva, mas é preciso ter cuidado com a excitotoxicidade.

Modelo 3D de emoções e neurotransmissores

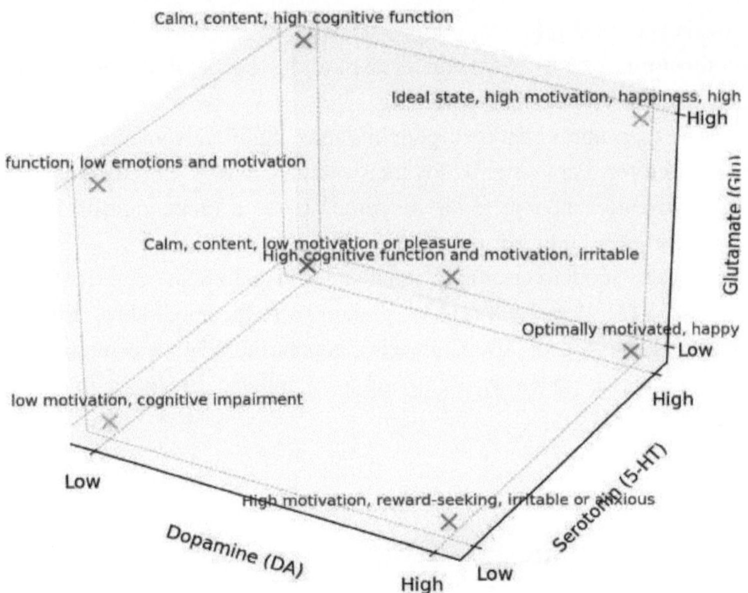

Aqui está um gráfico de dispersão 3D que representa a relação entre os estados emocionais e os níveis dos neurotransmissores dopamina (DA), serotonina (5-HT) e glutamato (Glu). Cada ponto no gráfico corresponde a uma combinação única de níveis de neurotransmissores e o estado emocional associado.

- **Eixo X**: Níveis de dopamina (DA)
- **Eixo Y**: Níveis de serotonina (5-HT)
- **Eixo Z**: Níveis de glutamato (Glu)

Cada ponto marcado no gráfico fornece uma descrição do estado emocional correspondente à combinação dos níveis de neurotransmissores.

As concentrações de neurotransmissores no tecido cerebral podem variar consoante a região cerebral específica, a espécie, a idade e o estado do organismo. Seguem-se algumas estimativas aproximadas para alguns neurotransmissores-chave:

1. **Serotonina (5-HT)**: A concentração média de serotonina no tecido cerebral humano é de cerca de 0,1-0,3 g/g.

2. **Dopamina (DA)**: A concentração média de dopamina no cérebro humano é de cerca de 0,2-0,5 g/g.

3. **Norepinefrina (NA)**: A concentração de norepinefrina no tecido cerebral é normalmente de cerca de 0,1-0,3 g/g.

4. **Glutamato**: O glutamato é o principal neurotransmissor excitatório no cérebro, e a sua concentração pode ser de cerca de 5-15 gg/g.

5. **GABA (ácido y-aminobutírico)**: A concentração de GABA no cérebro é de

aproximadamente 1-5 g/g.

6. Acetilcolina (ACh): A concentração de acetilcolina no cérebro é normalmente de cerca de 0,01-0,05 gg/g.

Estes valores são aproximados e podem variar significativamente, dependendo de muitos factores. Para obter dados mais exactos, devem ser realizados estudos especializados utilizando métodos modernos como a cromatografia líquida de alta eficiência (HPLC) ou a espetrometria de massa.

Para criar um modelo tridimensional que visualize as concentrações de serotonina (5-HT), dopamina (DA) e glutamato (Glu) no cérebro, utilizaremos um gráfico de dispersão 3D. Cada eixo representará a concentração de um neurotransmissor, e podemos usar cores para indicar diferentes intervalos de concentração.

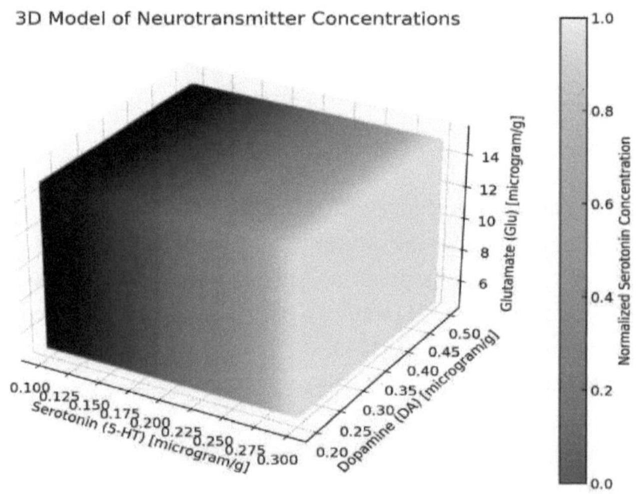

Aqui está um gráfico de dispersão 3D que visualiza os intervalos de concentração de serotonina (5-HT), dopamina (DA) e glutamato (Glu) no tecido cerebral.

- **Eixo X**: Concentração de serotonina (5-HT) (0,1-0,3 microgramas/g)
- **Eixo Y**: Concentração de dopamina (DA) (0,2-0,5 microgramas/g)
- **Eixo Z**: Concentração de glutamato (Glu) (5-15 microgramas/g)

As cores representam concentrações normalizadas de serotonina, fornecendo uma visão gradiente de como os níveis destes neurotransmissores variam dentro dos intervalos especificados.

Modelo tridimensional para emoções e neurotransmissores GABA (1-5 microgramas/g), NA 0,1-0,3 microgramas/g), ACh (0,01-0,05 microgramas/g)

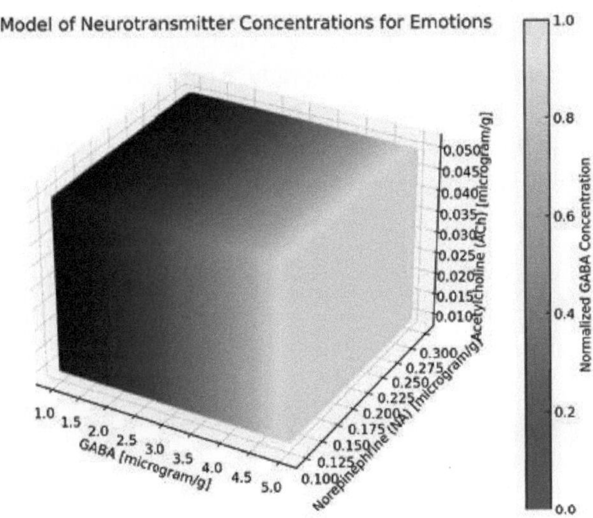

Aqui está um gráfico de dispersão 3D que visualiza os intervalos de concentração de GABA, norepinefrina (NA) e acetilcolina (ACh) no tecido cerebral.

- **Eixo X**: Concentração de GABA (1-5 microgramas/g)
- **Eixo Y**: Concentração de norepinefrina (NA) (0,1-0,3 microgramas/g)
- **Eixo Z**: Concentração de acetilcolina (ACh) (0,01-0,05 microgramas/g)

As cores representam concentrações normalizadas de GABA, fornecendo uma visão gradiente de como os níveis destes neurotransmissores variam dentro dos intervalos especificados.

Modelo tridimensional para emoções e neurotransmissores GABA, NA, Ach

Criar um modelo tridimensional para as emoções e os neurotransmissores implica representar as relações entre os três neurotransmissores - GABA (ácido gama-aminobutírico), NA (noradrenalina) e Ach (acetilcolina) - e os vários estados emocionais.

1. **Eixos do modelo**:
○ **Eixo X**: Níveis de GABA
○ **Eixo Y**: Níveis de NA
○ **Eixo Z**: Níveis de Ach

2. **Estados emocionais**:
○ **GABA elevado, NA baixo, Ach baixo**: Relaxamento, calma

o **GABA baixo, NA alto, Ach baixo**: Ansiedade, stress

o **GABA baixo, NA baixo, Ach alto**: Alerta, atenção

o **GABA alto, NA alto, Ach baixo**: Estados mistos, possivelmente associados a certas respostas ao stress

o **GABA baixo, NA alto, Ach alto**: Hipervigilância, alerta máximo

o **GABA elevado, NA baixo, Ach elevado**: Atenção relaxada, calma concentrada

Vou criar um gráfico tridimensional para representar este modelo.

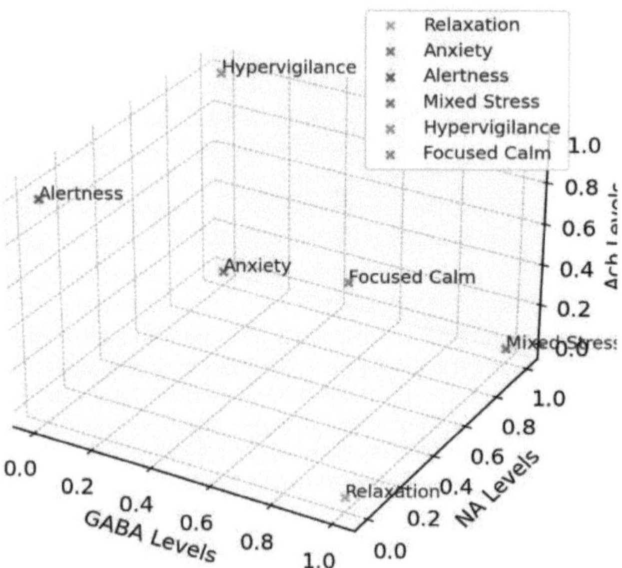

Aqui está um modelo tridimensional que mostra a relação entre as emoções e os neurotransmissores GABA, NA e Ach. Cada ponto representa um estado emocional diferente com base nos níveis destes neurotransmissores. As etiquetas indicam as emoções específicas associadas a várias combinações de níveis de neurotransmissores.

Criar um modelo tridimensional que mostre a relação entre as emoções e os neurotransmissores serotonina (5-HT), dopamina (DA) e glutamato (Glu) pode ser um desafio, mas aqui está um modelo concetual simplificado:

Definição dos eixos

1. **Eixo X: Níveis de dopamina (DA).**

Baixa: Associada a baixa motivação, anedonia (falta de prazer).

Elevado: Associado a uma elevada motivação, prazer e recompensa.

2. Eixo Y: Níveis de serotonina (5-HT).

Baixo: Associado a depressão, ansiedade e irritabilidade.

Alta: Associado à estabilização do humor, felicidade e calma.

3. Eixo Z: Níveis de glutamato (Glu).

Baixo: Associado a défice cognitivo, falta de atenção.

Elevada: Associado à melhoria cognitiva, mas níveis excessivos podem ser neurotóxicos e levar à excitotoxicidade

Neste modelo, cada ponto no espaço tridimensional representa uma combinação única de níveis de neurotransmissores correspondentes a diferentes estados emocionais.

- **Baixo nível de DA, baixo nível de 5-HT, baixo nível de glucose**: depressão, baixa motivação e défice cognitivo.

- **DA elevado, 5-HT baixo, Glu baixo**: comportamento altamente motivado e em busca de recompensas, mas potencialmente irritável ou ansioso.

- **Baixa DA, alta 5-HT, baixa Glu**: calmo e satisfeito, mas possivelmente com falta de motivação ou prazer.

- **Alto DA, alto 5-HT, baixo Glu**: motivação e felicidade óptimas.

- **Baixa DA, baixa 5-HT, alta Glu**: a função cognitiva pode ser alta, mas a emoção é baixa e a motivação está ausente.

- **DA elevado, 5-HT baixo, Glu elevado**: função cognitiva e motivação elevadas, mas possível irritabilidade.

- **Baixa DA, alta 5-HT, alta Glu**: calmo e satisfeito, alta função cognitiva.

- **Elevada DA, elevada 5-HT, elevada Glu**: estado ideal com elevada motivação, felicidade e função cognitiva, mas é necessário ter cuidado com a excitotoxicidade.

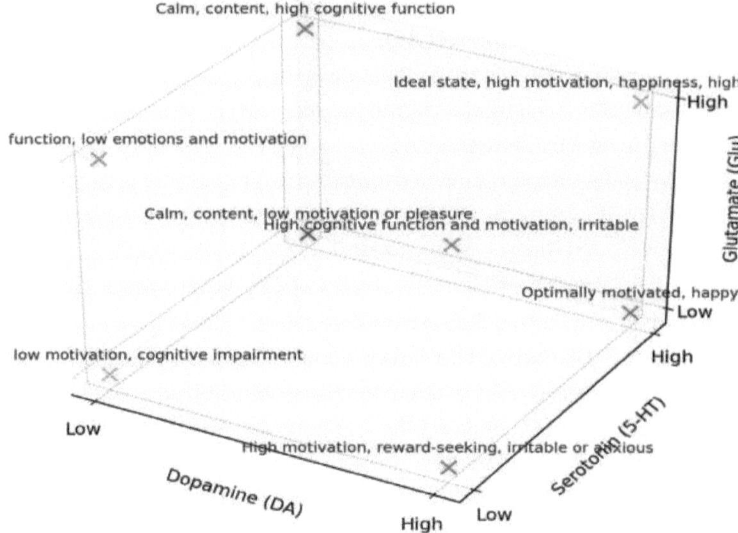

Aqui está um gráfico de dispersão tridimensional que representa a relação entre os estados emocionais e os níveis dos neurotransmissores dopamina (DA), serotonina (5-HT) e glutamato (Glu). Cada ponto no gráfico corresponde a uma combinação única de níveis de neurotransmissores e ao estado emocional que lhes está associado.

- Eixo X: níveis de dopamina (DA).
- Eixo Y: níveis de serotonina (5-HT).
- Eixo Z: níveis de glutamato (Glu).

Cada ponto marcado no gráfico descreve o estado emocional que corresponde a uma combinação de níveis de neurotransmissores.

Os receptores nicotínicos de acetilcolina (nAChRs) ligam-se principalmente a dois neurotransmissores:

1. Acetilcolina: O principal neurotransmissor que se liga aos receptores nicotínicos.

2. A nicotina: Embora não seja um neurotransmissor natural, a nicotina dos produtos do tabaco também se liga a estes receptores, o que explica os seus efeitos no organismo.

Os receptores nicotínicos são canais iónicos e a sua ativação resulta numa rápida alteração do potencial da membrana, o que provoca o disparo dos neurónios.

O recetor NMDA (recetor N-metil-D-aspartato) é um tipo específico de recetor de glutamato e requer a ligação de vários neurotransmissores e coactivadores diferentes para ser ativado:

1. Glutamato: O principal neurotransmissor que se liga ao recetor NMDA e o ativa.

2. Glicina ou D-serina: Coactivadores que também têm de se ligar ao recetor para que este seja ativado. Normalmente, liga-se a glicina ou a D-serina, mas não ambas.

3. Mg^{2+} (Magnésio): Os iões de magnésio ligam-se ao recetor NMDA e bloqueiam-no em potenciais fisiológicos de repouso. A despolarização da membrana elimina este bloqueio.

Assim, o recetor NMDA requer a ligação do glutamato e de um dos coactivadores (glicina ou D-serina) para a sua ativação, e a despolarização da membrana para remover o bloqueio do magnésio.

NMDA Receptor Binding

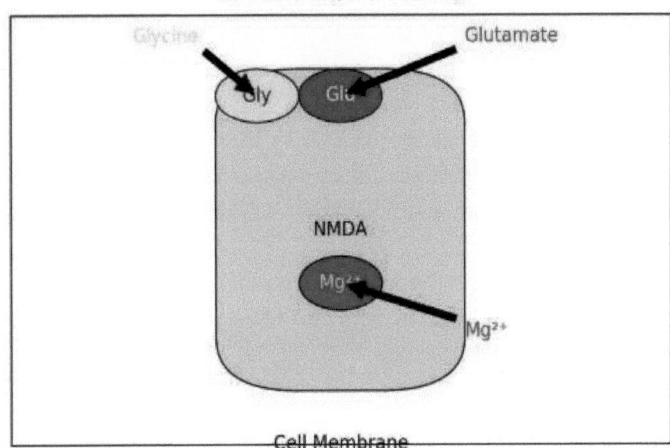

A figura 12 apresenta um diagrama que mostra a ligação do glutamato (Glu) e da glicina (Gly) ao recetor NMDA, bem como o bloqueio do recetor pelo ião magnésio (Mg^{2+}).

O mecanismo de funcionamento dos neurónios respiratórios inclui vários processos-chave que permitem o controlo automático e voluntário da respiração. Apresentamos de seguida os principais aspectos deste mecanismo:

1. A respiração é controlada pelo centro respiratório, localizado na medula oblonga e na ponte. Este centro coordena a inspiração e a expiração.

2. Os receptores nos pulmões, músculos, articulações e vasos sanguíneos

recolhem informações sobre o estado do sistema respiratório e os níveis de oxigénio e dióxido de carbono no sangue. Esta informação é transmitida ao centro respiratório.

3. O centro respiratório da medula oblonga contém interneurónios que desempenham um papel fundamental na geração e regulação do ritmo respiratório. Por exemplo, o complexo pré-Botzinger é responsável pela geração rítmica das inalações.

4. Os impulsos do centro respiratório são transmitidos aos neurónios motores na medula espinal, que inervam os músculos respiratórios, como o diafragma e os músculos intercostais. Isto faz com que estes se contraiam e relaxem, provocando a inspiração e a expiração.

5. Os quimiorreceptores centrais e periféricos respondem a alterações nos níveis de CO_2, O_2 e pH no sangue. Os quimiorreceptores centrais estão localizados no cérebro e são sensíveis ao CO_2 e ao pH, enquanto os quimiorreceptores periféricos estão localizados nos corpos carotídeos e aórticos e são sensíveis aos níveis de O_2 e CO_2.

6. O sistema respiratório interage com outros sistemas do corpo, como o sistema cardiovascular e o sistema nervoso, para assegurar uma ventilação e uma troca gasosa adequadas, de acordo com as necessidades do corpo.

Este mecanismo complexo permite a respiração automática, que é mantida sem esforço consciente, e também permite o controlo consciente da respiração, como quando se fala ou canta.

Bases neuro-fisiológicas da atividade racional

O raciocínio, ou processos cognitivos, inclui vários aspectos do pensamento, da memória, da perceção e da tomada de decisões. Vejamos a base fisiológica destes processos:

1. **Estruturas cerebrais**

Córtex cerebral: Desempenha um papel fundamental nas funções cognitivas superiores, como o pensamento, o planeamento, a tomada de decisões e a resolução de problemas. O córtex frontal é responsável pelas funções executivas, como o controlo da atenção e a flexibilidade cognitiva.

Hipocampo: Importante para a formação e recuperação de memórias. Desempenha um papel fundamental na memória de longo prazo e na navegação espacial.

Amígdala: Associada à memória emocional e à perceção de ameaças. Ajuda-nos a avaliar o significado emocional dos acontecimentos e a reagir a eles.

Gânglios basais: envolvidos na regulação do movimento e na aprendizagem de competências, bem como nos processos cognitivos e emocionais.

2. Sistemas neuroquímicos

Dopamina: Está ligada ao sistema de recompensa do cérebro e desempenha um papel na motivação, na aprendizagem e no prazer.

Serotonina: Afecta o humor, a memória e a função cognitiva. Níveis baixos de serotonina estão associados a depressão e ansiedade.

Acetilcolina: Envolvida na atenção, memória e aprendizagem. A deficiência de acetilcolina está associada à doença de Alzheimer.

Glutamato: O principal neurotransmissor excitatório do cérebro, importante para a aprendizagem e a memória.

3. Redes Neuronais

Rede de Modo Padrão (DMN): Ativa quando uma pessoa está em repouso e não está concentrada em tarefas externas. Importante para a autorreflexão e para o processamento de experiências passadas.

Rede Frontoparietal: Inclui as regiões frontal e parietal e é responsável pela atenção e pelo controlo dos processos cognitivos.

Rede de recompensa: Inclui a área tegmental ventral e o núcleo accumbens, importantes para a motivação e o prazer.

4. Atividade electrofisiológica

EEG (Eletroencefalografia): Mede a atividade eléctrica do cérebro e ajuda a estudar diferentes estados de consciência e processos cognitivos.

fMRI (Imagem por Ressonância Magnética Funcional): Mede as alterações do fluxo sanguíneo no cérebro, permitindo-nos estudar a atividade de diferentes estruturas cerebrais durante tarefas cognitivas.

5. Plasticidade cerebral

Neuroplasticidade: A capacidade do cérebro para mudar e adaptar-se em resposta a novas experiências e aprendizagens. Envolve alterações ao nível das sinapses e das redes neuronais.

6. Influências ambientais

Interação social: Afecta o desenvolvimento e o funcionamento dos processos cognitivos. O isolamento social pode ter um impacto negativo na função cognitiva.

Atividade física: Melhora a função cognitiva através da melhoria do fluxo sanguíneo e da neuroplasticidade.

Nutrição: Afecta a função cognitiva. As deficiências nutricionais podem afetar negativamente a função cerebral.

Estes aspectos fisiológicos constituem a base para a compreensão dos processos cognitivos complexos e do seu papel na vida quotidiana.

O condicionamento associativo é o processo pelo qual um organismo aprende a associar determinados estímulos a determinadas respostas ou acontecimentos.

Este processo é a base da aprendizagem e desempenha um papel fundamental na adaptação ao meio ambiente. Vejamos a base fisiológica do condicionamento associativo:

1. Condicionamento clássico (pavloviano)

Neste tipo de aprendizagem, um estímulo neutro começa a provocar uma determinada resposta após o emparelhamento repetido com um estímulo incondicionado que provoca naturalmente essa resposta.

Exemplo: O toque de uma campainha (estímulo neutro) começa a provocar salivação (resposta condicionada) após o emparelhamento repetido com comida (estímulo incondicionado).

2. Condicionamento operante (instrumental)

Neste tipo de aprendizagem, o comportamento altera-se em função das suas consequências. O comportamento que é seguido de um reforço positivo aumenta, enquanto o comportamento que é seguido de um castigo diminui.

Exemplo: Um rato carrega numa alavanca (comportamento) e recebe comida (reforço positivo), o que aumenta a probabilidade de carregar na alavanca no futuro.

3. Mecanismos neurofisiológicos

Plasticidade sináptica: A base para a formação de conexões associativas. A potenciação longitudinal (LTP) e a depressão a longo prazo (LTD) são os dois principais mecanismos da plasticidade sináptica.

LTP (potenciação a longo prazo): Reforço da conetividade sináptica que ocorre após a estimulação simultânea dos neurónios pré-centrais e pós-centrais. Este é o mecanismo subjacente à aprendizagem e à memória.

LTD (depressão a longo prazo): Enfraquecimento da conetividade sináptica, o oposto da LTP. Também é importante para a aprendizagem adaptativa e o esquecimento.

Sinapses glutamatérgicas: O glutamato, o principal neurotransmissor excitatório, desempenha um papel fundamental na LTP e na LTD através da ativação dos receptores NMDA e AMPA.

4. Estruturas cerebrais

Hipocampo: Uma estrutura chave para a formação de memórias associativas. A LTP no hipocampo é considerada um mecanismo importante para a memória espacial e declarativa.

Amígdala: Importante para a formação de associações relacionadas com as emoções, especialmente o medo e a recompensa.

Córtex pré-frontal: Está envolvido nos processos de memória de trabalho e nas funções executivas, que são necessárias para o planeamento e a tomada de decisões com base na aprendizagem associativa.

5. O papel da dopamina

A dopamina desempenha um papel importante nos mecanismos de reforço e recompensa. O sistema dopaminérgico, particularmente os neurónios da área tegmental ventral (VTA) e do núcleo accumbens, está envolvido no reforço do comportamento através do reforço positivo.

6. Reforço comportamental

Reforço positivo: Aumenta a probabilidade de um comportamento, fornecendo um estímulo agradável (por exemplo, comida, elogios).

Reforço negativo: Aumenta a probabilidade de um comportamento através da remoção de um estímulo desagradável (por exemplo, parar um estímulo doloroso).

Punição: Diminui a probabilidade de um comportamento, fornecendo um estímulo desagradável ou removendo um estímulo agradável.

7. Exemplos da vida quotidiana

Aprender uma nova competência: Por exemplo, aprender a tocar um instrumento musical envolve a aprendizagem associativa através da prática repetida e do reforço (por exemplo, elogios por tocar uma melodia corretamente).

Formação de hábitos: As acções repetidas que conduzem a resultados positivos (por exemplo, a prática regular que melhora a condição física) levam à formação de hábitos estáveis.

A formação de associações é um processo fundamental para a aprendizagem e a adaptação, que depende de interações complexas entre estruturas neurais, plasticidade sináptica e sistemas neuroquímicos.

Para decidir se vale a pena aprender e recordar é necessário ter em conta vários factores, como os aspectos cognitivos, motivacionais e sociais. Eis algumas abordagens que podem ajudar neste processo:

1. Definição de objectivos e prioridades

Objectivos de aprendizagem: Definir claramente o que se pretende alcançar com a aprendizagem. Pode ser a aquisição de novos conhecimentos, o desenvolvimento de competências, a preparação para exames, etc.

Prioridades: Determine quais as tarefas mais importantes e quais as competências ou conhecimentos mais necessários para atingir os seus objectivos.

2. Análise custo-benefício

Custos de tempo: Faça uma estimativa do tempo necessário para aprender um novo material ou competência. Compare esse tempo com o tempo que tem disponível.

Recursos: Faça uma estimativa dos recursos (materiais didácticos, cursos, professores) de que necessita e do respetivo custo.

Benefícios: Determinar os benefícios que obterá com a aprendizagem. Pode ser uma progressão na carreira, uma melhoria da vida pessoal, um aumento do rendimento, etc.

3. Motivação e interesse

Motivação pessoal: Avalie até que ponto o que está prestes a aprender é interessante e importante para si. Níveis elevados de motivação pessoal conduzem a uma melhor retenção e aprendizagem.

Motivação extrínseca: Pense nos incentivos externos, como o reconhecimento, os prémios ou as promoções.

4. Estratégias de estudo eficazes

Aprendizagem ativa: Inclui métodos que o envolvem ativamente no processo de aprendizagem, tais como debates, prática e utilização de diferentes fontes de informação.

Repetição regular: Utilizar técnicas de repetição espaçada para melhorar a memória a longo prazo.

Técnicas mnemónicas: Utilizar associações, visualizações e outras técnicas para melhorar a retenção.

5. Adaptação cognitiva

Estilo de aprendizagem: Identificar o seu estilo de aprendizagem preferido (visual, auditivo, cinestésico) e utilizar métodos adequados.

Carga Cognitiva: Avaliar a complexidade da informação e tentar não se sobrecarregar. Divida o material de aprendizagem em partes mais pequenas.

6. Avaliar resultados e ajustar

Monitorizar o progresso: Avalie regularmente os seus progressos. Isto pode ser feito através de testes, auto-avaliações ou conversas com os seus professores.

Ajustar o plano: Com base nos seus resultados, ajuste o seu plano de estudo, dedicando mais tempo aos temas difíceis e revendo as suas estratégias de aprendizagem, caso estas não estejam a funcionar.

Exemplo:

Digamos que quer aprender uma nova língua para progredir na sua carreira.

1. Objectivos e prioridades: O seu objetivo é tornar-se fluente na língua para comunicação profissional. A prioridade é dominar a capacidade de falar e o vocabulário profissional.

2. Análise custo-benefício: A formação terá a duração de cerca de 1 ano com estudos intensivos. Os investimentos em cursos e materiais de estudo serão justificados por um aumento de salário e crescimento na carreira.

3. Motivação e interesse: É muito motivado, o que afectará diretamente a sua carreira.

4. Estratégias de aprendizagem eficazes: Inscrever-se em clubes de conversação, utilizar aplicações de aprendizagem de línguas, praticar regularmente as competências de expressão oral.

5. Caraterísticas cognitivas: É um aprendiz visual e auditivo, pelo que deve recorrer a aulas em vídeo e cursos áudio.

6. Avaliação dos resultados e ajustamento: Efetuar testes de proficiência linguística mensalmente e ajustar o currículo em função dos resultados.

Assim, a abordagem para resolver o problema da viabilidade da aprendizagem e da memorização deve ser abrangente e ter em conta as caraterísticas e os objectivos individuais.

Previsão na linguagem dos neurónios

A previsão em termos neuronais refere-se ao processo pelo qual as redes neuronais (tanto biológicas como artificiais) utilizam a informação recebida para prever ou estimar eventos, estados ou respostas futuras com base nos dados actuais. No contexto dos neurónios biológicos e das redes neuronais, isto inclui vários aspectos:

1. Redes neuronais biológicas

• **Previsões sensoriais**: Os neurónios dos sistemas sensoriais podem prever acontecimentos sensoriais futuros com base nos dados sensoriais actuais. Por exemplo, no córtex visual, os neurónios podem prever o movimento dos objectos para lhes dar uma resposta mais eficaz.

• **Previsões motoras**: Os neurónios motores podem prever os resultados dos movimentos para coordenar e ajustar as acções motoras. Por exemplo, o cerebelo desempenha um papel fundamental na previsão dos resultados dos comandos motores para uma coordenação precisa dos movimentos.

• **Memória de trabalho e atenção**: Os neurónios do córtex pré-frontal podem guardar informações na memória de trabalho e utilizá-las para prever acções ou decisões futuras.

2. Plasticidade sináptica e aprendizagem

• **LTP e LTD**: Os mecanismos de potenciação a longo prazo (LTP) e de depressão a longo prazo (LTD) alteram a força das ligações sinápticas com base na experiência, permitindo às redes neuronais prever melhor os acontecimentos futuros com base nas experiências passadas.

• **Modelos generativos**: O cérebro utiliza modelos generativos para criar representações internas do mundo que lhe permitem prever acontecimentos futuros e ajustar o seu comportamento com base nos resultados.

3. Redes Neuronais Artificiais

• **Aprendizagem automática**: As redes neuronais artificiais, como as redes neuronais recorrentes (RNN) e os transformadores, são treinadas para prever sequências de dados, que podem incluir séries cronológicas, texto ou acções em jogos.

• **Aprendizagem por reforço**: Na aprendizagem por reforço, as redes neurais artificiais prevêem recompensas futuras com base no estado e nas acções actuais, permitindo ao agente escolher estratégias de comportamento óptimas.

Exemplos de previsão na linguagem dos neurónios:

1. Sistema visual:

o Os neurónios do córtex visual podem prever o movimento dos objectos. Por exemplo, se um objeto se move da esquerda para a direita, os neurónios podem prever a sua posição futura, permitindo um melhor seguimento e resposta ao movimento.

2. Sistema motor:

O cerebelo prevê os resultados dos comandos motores, ajustando os movimentos em tempo real. Isto permite uma coordenação e um equilíbrio precisos.

3. Memória de trabalho e tomada de decisões:

O córtex pré-frontal contém informações sobre as tarefas actuais e prevê acções futuras com base nessas informações. Por exemplo, ao resolver um problema de matemática, o cérebro utiliza os passos anteriores para prever a ação seguinte.

4. Redes Neuronais Artificiais:

Nos modelos de previsão de séries temporais, como dados económicos ou padrões meteorológicos, as redes neuronais artificiais utilizam dados anteriores para prever valores futuros.

Mecanismos e tecnologias:

• **Feedback e aprendizagem:** As redes neurais, tanto biológicas como artificiais, utilizam mecanismos de feedback para ajustar as suas previsões. A aprendizagem ocorre através de ajustes nos pesos das sinapses ou nos parâmetros da rede.

• **Aprendizagem profunda:** Nas redes neurais artificiais, a aprendizagem profunda permite que os modelos aprendam representações complexas dos dados, o que melhora a sua capacidade de previsão.

A previsão na linguagem dos neurónios é um processo fundamental que permite aos sistemas biológicos e artificiais adaptarem-se às mudanças no ambiente e optimizarem o seu comportamento. Nos sistemas biológicos, isto ocorre através de interações neuronais complexas e plasticidade sináptica, enquanto nos sistemas artificiais, é realizado através de algoritmos de aprendizagem automática e aprendizagem profunda.

Codificação de Frequência no Sistema Nervoso

Salientámos que, quando a despolarização causada pelo estímulo ultrapassa o limiar, o potencial de ação neuronal resultante é um potencial de ação completo (ou seja, é tudo ou nada). Se a intensidade do estímulo for aumentada, o tamanho do potencial de ação não aumenta. Se o tamanho (ou seja, a amplitude) do potencial de ação é sempre o mesmo e independente do tamanho do estímulo, como é que o sistema nervoso codifica a intensidade do estímulo? O truque que o sistema nervoso usa é que a força do estímulo é codificada na **frequência** dos potenciais de ação que são gerados. Assim, quanto mais forte for o estímulo, maior será a frequência com que os potenciais de ação são gerados. Por isso, dizemos que o nosso sistema nervoso é **modulado em frequência** e não em amplitude. A frequência dos potenciais de ação está diretamente relacionada com a intensidade do estímulo.

Dado que a frequência dos potenciais de ação é determinada pela força do estímulo, uma pergunta plausível a fazer é: qual é a frequência dos potenciais de ação nos neurónios? Outra forma de colocar esta questão é: quantos potenciais de ação pode um neurónio gerar por unidade de tempo (por exemplo, potenciais de ação por segundo)? Fisiologicamente, observam-se habitualmente frequências de potenciais de ação de até 200-300 por segundo (Hz). Também se observam frequências mais elevadas, mas a frequência máxima é, em última análise, limitada pelo período refratário absoluto. Uma vez que o período refratário absoluto é de ~1 ms, existe um limite para a frequência máxima a que os neurónios podem responder a estímulos fortes. Ou seja, o período refratário absoluto limita o número máximo de potenciais de ação gerados por unidade de tempo pelo axónio. Como descrito anteriormente, a força do estímulo deve ser muito elevada para garantir que a duração do potencial de ação seja tão curta quanto a duração do período refratário absoluto. É necessário um estímulo mais forte do que o normal para ultrapassar o período refratário relativo (ver Períodos refractários para uma revisão).

Uma vez que o período refratário absoluto pode durar entre 1-2 ms, a resposta de frequência máxima é de 500-1000 s^{-1} (Hz). É apresentado abaixo um exemplo de cálculo com o pressuposto de que o período refratário absoluto tem 1 ms de duração.

$\dfrac{1\,cycle}{1\,ms} \times \dfrac{1000\,ms}{1\,s} = \dfrac{1000\,cycles}{s} = 1000\,Hz$	Eq. 1

Um ciclo refere-se aqui à duração do período refratário absoluto, que quando a intensidade do estímulo é muito elevada, é também a duração de um potencial de ação. Da mesma forma, se o período refratário absoluto do neurónio for de 2 ms, a frequência máxima será de 500 Hz, como se mostra abaixo:

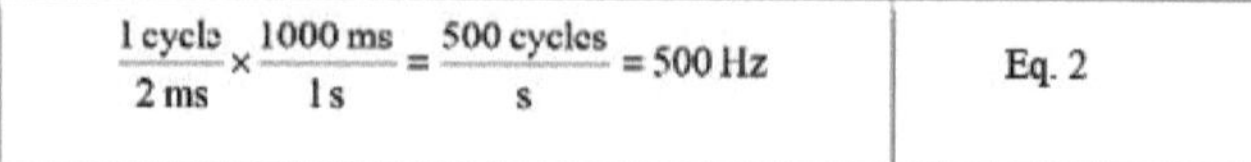

$$\frac{1 \text{ cycle}}{2 \text{ ms}} \times \frac{1000 \text{ ms}}{1 \text{ s}} = \frac{500 \text{ cycles}}{\text{s}} = 500 \text{ Hz} \qquad \text{Eq. 2}$$

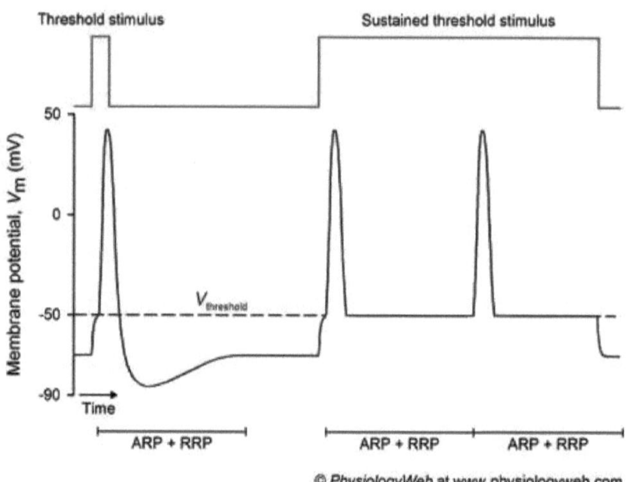

Figura 13. Codificação de frequências no sistema nervoso: Estímulo limiar.

Se um estímulo de limiar for aplicado a um neurónio e mantido (em cima, traço vermelho), os potenciais de ação ocorrem a uma frequência máxima que é limitada pela soma dos períodos refractários absolutos e relativos (em baixo, traço azul). Aqui, um estímulo limiar refere-se àquele que é suficientemente forte para levar um neurónio *em repouso* ao limiar. Assim, com o estímulo de limiar mantido, os potenciais de ação subsequentes ocorrem apenas no final do período refratário relativo do potencial de ação anterior. Os traços superior e inferior estão na mesma escala de tempo. A linha tracejada representa a tensão de limiar ($V_{threshold}$) de aproximadamente -50 mV. *ARP*, período refratário absoluto; *RRP*, período refratário relativo.

Os cálculos acima correspondem à frequência máxima dos potenciais de ação, e só se verificariam se o estímulo aplicado fosse muito grande para ultrapassar o período refratário relativo. Assim, a frequência máxima dos potenciais de ação é, em última análise, limitada pela duração do período refratário absoluto. Por outro lado, se o estímulo aplicado for apenas suficientemente grande para levar o neurónio ao limiar em repouso, a frequência máxima dos potenciais de ação passa a ser regida pela duração total do período refratário do neurónio (isto é, a soma dos períodos refratários absoluto e relativo) (ver Fig. 1). Num neurónio típico, este período é de 1 + 4 = 5 ms. Nesta condição, a frequência máxima dos potenciais de ação é de 200 Hz, como se mostra abaixo:

$$\dfrac{1\,\text{cycle}}{5\,\text{ms}} \times \dfrac{1000\,\text{ms}}{1\,\text{s}} = \dfrac{200\,\text{cycles}}{\text{s}} = 200\,\text{Hz}$$	Eq. 3

Aqui, um ciclo refere-se à duração total do potencial de ação (período refratário absoluto + período refratário relativo).

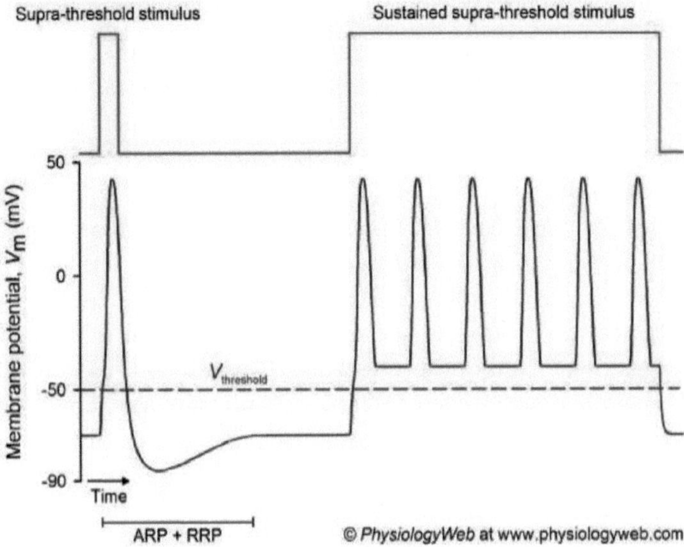

Figura 14. Codificação de frequências no sistema nervoso: Estímulo supra-limiar.

Se um estímulo supra-limiar for aplicado a um neurónio e mantido (em cima, traço vermelho), os potenciais de ação não podem completar o período refratário relativo (em baixo, traço azul). Assim, com um estímulo supra-limiar mantido, os potenciais de ação subsequentes ocorrem durante o período refratário relativo do potencial de ação anterior. Com o aumento da força do estímulo, os potenciais de ação subsequentes ocorrem mais cedo durante o período refratário relativo dos potenciais de ação precedentes. Com estímulos muito fortes, os potenciais de ação subsequentes ocorrem após a conclusão do período refratário absoluto do potencial de ação precedente. Assim, a frequência máxima dos potenciais de ação é, em última análise, limitada pela duração do período refratário absoluto. Os traços superior e inferior estão na mesma escala de tempo. A linha tracejada representa a tensão de limiar (Vthreshold) de aproximadamente -50 mV. *ARP,* período refratário absoluto; *RRP,* período refratário relativo.

IX. Codificação química dos sistemas sensoriais

O sistema nervoso e o cérebro, em conjunto, constituem o sistema de processamento da informação. Os três principais processos do sistema de processamento da informação são a atenção, a perceção e a memória de curto prazo. Através de cada um destes processos, a informação obtida por várias fontes é alterada, manipulada, transformada e combinada entre si.

• A atenção é a capacidade do aprendente para absorver novas informações na presença de muitos impulsos e fontes de informação. Por outras palavras, um aprendente atento tem a capacidade de se concentrar numa fonte de informação e ignorar todas as outras.

• A perceção é a capacidade de obter e interpretar informações do ambiente.

• A memória de curto prazo armazena informações interpretadas através da perceção das fontes às quais os alunos prestaram atenção.

A neuroplasticidade é a capacidade do cérebro de crescer e mudar quando necessário para reter informação e está relacionada com a criação de novas ligações neuronais no cérebro. Quando um indivíduo aprende novas informações, são criadas novas ligações neuronais. Estas combinam-se para formar a rede de memória (memória de trabalho/longo prazo e memória de curto prazo), que ajuda na recuperação da informação.

A quimiorreceção é a perceção pelo organismo de sinais sob a forma de várias substâncias químicas. Evolutivamente, este é o tipo de receção mais antigo. Sensibilidade às substâncias químicas e resposta selectiva a algumas delas (aproximar-se dos alimentos e evitar influências nocivas). Nos animais multicelulares, distingue-se entre a inter-hemorecepção, que permite analisar o ambiente interno do organismo (deteção de hormonas, mediadores, toxinas), e a exter-hemorecepção, através da qual se percepcionam os estímulos químicos externos. Entre os tipos de sensibilidade química que respondem a estímulos externos encontram-se o paladar e o olfato. A quimiorreceção desempenha um papel vital na procura de alimentos, na fuga de inimigos e de factores nocivos, na procura de um parceiro sexual, na deteção de indivíduos da sua própria espécie, etc.

Os quimiorreceptores são células especializadas ou os seus processos, graças aos quais o corpo percebe sinais químicos importantes para a sua vida, por exemplo, flutuações na acidez e composição iónica do ambiente aquático, a composição gasosa do ar, a presença de nutrientes, substâncias cáusticas, tóxicas, etc. O funcionamento dos quimiorreceptores baseia-se na atividade das proteínas receptoras de membrana. Estas últimas, quando se ligam a determinadas substâncias químicas, desencadeiam uma cadeia de reacções intracelulares que conduzem ao aparecimento de um potencial recetor.

9.1.Codificação química da visão

A visão é o processo fisiológico de obtenção de informações sobre o mundo exterior por parte dos organismos animais, em resultado da captação de radiações electromagnéticas na gama de ondas de 300-800 nm, próxima da gama da luz visível.

Todos os tipos conhecidos de neurotransmissores encontram-se na rede neural da retina, incluindo o glutamato, a dopamina e a acetilcolina.

Processos fotoquímicos na retina. As células receptoras da retina contêm pigmentos sensíveis à luz (substâncias proteicas complexas) - cromoproteínas, que ficam descoloridas com a luz. Os bastonetes na membrana dos segmentos externos contêm rodopsina e os cones contêm iodopsina e outros pigmentos. A rodopsina e a iodopsina são constituídas por retinal (aldeído da vitamina A1) e glicoproteína (opsina). Embora tenham semelhanças nos processos fotoquímicos, diferem no facto de o máximo de absorção se situar em regiões diferentes do espetro. Os bastonetes que contêm rodopsina têm um máximo de absorção na região de 500 nm. Entre os cones, existem três tipos, que diferem nos seus máximos nos espectros de absorção: alguns têm um máximo na parte azul do espetro (430470 nm), outros na parte verde (500-530 nm) e outros na parte vermelha (620-760 nm), o que se deve à presença de três tipos de pigmentos visuais. O pigmento vermelho do cone chama-se iodopsina. O retinal pode ser encontrado em várias configurações espaciais (formas isoméricas), mas apenas uma delas, o isómero 11-CIS do retinal, actua como o grupo cromóforo de todos os pigmentos visuais conhecidos. A fonte de retinal no organismo são os carotenóides. No escuro, ocorre a ressíntese dos pigmentos, que se dá com a absorção de energia. A redução da iodopsina é 530 vezes mais rápida que a da rodopsina.

Devido a processos fotoquímicos nos fotorreceptores do olho, quando expostos à luz, surge um potencial recetor, que é uma hiperpolarização da membrana recetora. Esta é uma caraterística distintiva dos receptores visuais; a ativação de outros receptores é expressa sob a forma de despolarização da sua membrana. A amplitude do potencial do recetor visual aumenta com o aumento da intensidade do estímulo luminoso.

A visão refere-se à capacidade de um indivíduo ver as coisas. Os olhos recolhem a luz de um objeto que é processada pelo cérebro. A retina é uma camada sensível à luz que actua como um ecrã localizado na parte posterior de cada olho. Tem células fotossensíveis que são responsáveis pela transferência da informação recolhida da luz para o cérebro através do nervo ótico.

A causa molecular da miopia é conseguida através da modificação dos genes

(ANTXR2, KCNQ5, LAMA2, PRSS56, RASGRF, RDH5, VAX2, SHISA6, TJP2, TOX/CA8, ZIC2 68, 70).

A mutação de genes que incluem CTSH, LEPREL1, SCO2, SLC39A5, ZNF644, 56 e WNT7B pode causar miopia esporádica.

A degenerescência macular relacionada com a idade é causada pela mutação dos genes CFH72, ARMS2-HTRA1.

O polimorfismo de nucleótido único (SNP) nestes genes (BLID, SCO2, 62CTNND2, 63 MIPEP, 65ZC3H11B, VIPR2 66, 67 e SNTB167, 68) resulta em miopia elevada.

Os genes envolvidos no transporte de iões, na regulação do potencial de membrana e na atividade dos canais são KCQN5, CD55, CACNA1D, KCNJ2, CHRNG e MYOID. A sinalização neural é efectuada por GRIA4, GJD2, RASGRF1, 70DLG2, KCNMA1, LRRC4C, RBFOX1 e TJP2. A remodelação da matriz extracelular é efectuada por LAMA2, BMP2,3 e ANTXR2. O metabolismo do ácido retinóico pelos genes RDH5, RURB, CYP26A1.SIX6, PRSS56, CHD7, ZBTB38, ZIC2, 70BMP4, DLX1 está envolvido no desenvolvimento dos olhos. Os genes que participam na projeção das células ganglionares da retina são o ZIC2 e o ZMAT4. O gene SCO2 é responsável pelo metabolismo do cobre, que é essencial para a regulação do oxigénio nos olhos.

Os bastonetes e os cones são o local onde a luz é convertida em sinais nervosos. Tanto os bastonetes como os cones contêm fotopigmentos. O principal fotopigmento, a rodopsina, é constituído por duas partes principais (Fig. 18): a opsina, que é uma proteína membranar (sob a forma de um conjunto de a-hélices que envolvem a membrana), e o retinal, uma molécula que absorve a luz. Quando a luz atinge um fotorreceptor, faz com que a retina mude de forma, alterando a sua estrutura de uma molécula curva (cis) para o seu isómero linear (trans). Esta isomerização do retinal ativa a rodopsina, desencadeando uma cascata de eventos que termina com o fecho dos canais de Na^+ na membrana do fotorreceptor. Assim, ao contrário da maioria dos outros neurónios sensoriais (que se despolarizam quando expostos a um estímulo), os receptores visuais tornam-se hiperpolarizados e afastam-se do limiar (Figura 19).

A Fig. 18 mostra o mecanismo neuroquímico da visão.

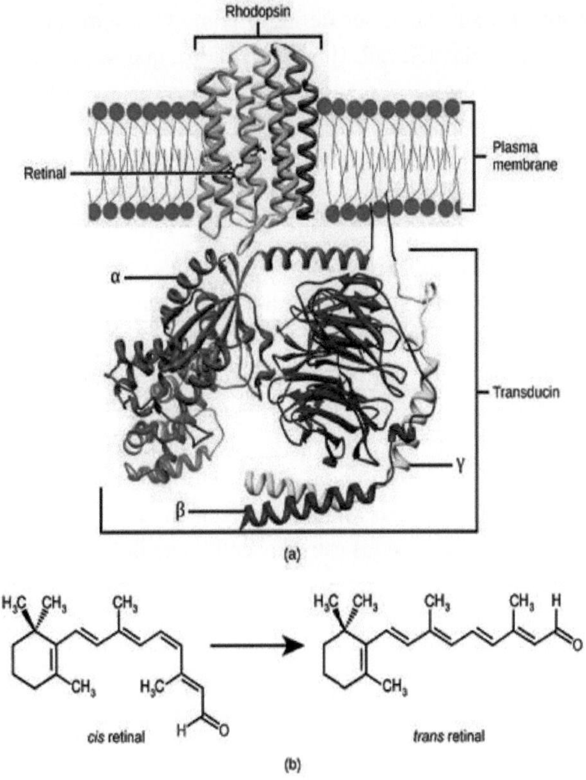

Fig. 15. O mecanismo neuroquímico da visão.

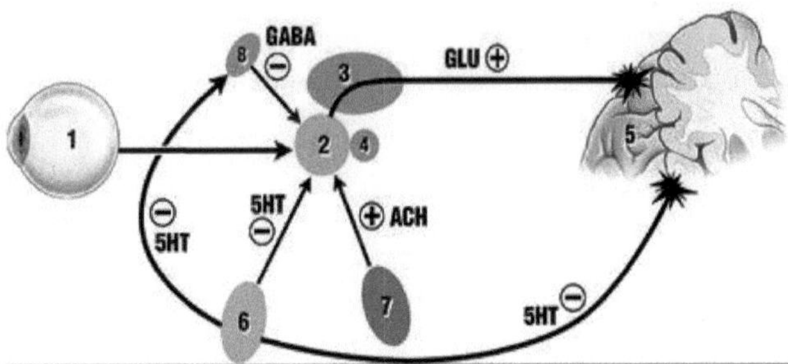

Fig. 16. As reacções neuroquímicas da Visão.

A visão é a capacidade de detetar padrões de luz do ambiente exterior e de os interpretar em imagens. A importância da visão para os seres humanos é ainda mais comprovada pelo facto de cerca de um terço do córtex cerebral humano ser dedicado à análise e perceção da informação visual.

9.2. Codificação química da audição

A audição é a capacidade do corpo humano e animal de percecionar os estímulos sonoros. O som pode ser definido como o movimento oscilatório de partículas de um meio elástico (gás, líquido, sólido), que se propaga sob a forma de uma onda longitudinal. As vibrações sonoras são caracterizadas pela frequência (infra-sons - até 15-20 Hz; som audível pelo ser humano - de 16 Hz a 20 kHz; ultra-sons - acima de 20 kHz), velocidade de propagação (dependendo das propriedades do meio: no ar - 340 m/s, na água do mar - 1550 m/s) e intensidade (força).

O sistema auditivo processa a forma como ouvimos e compreendemos os sons do ambiente. É constituído por estruturas periféricas (por exemplo, ouvido externo, médio e interno) e regiões cerebrais (núcleos cocleares, núcleos olivares superiores, lemnisco lateral, colículo inferior, núcleos geniculados mediais e córtex auditivo).

Uma vez que os sinais visuais e auditivos têm frequentemente origem no mesmo objeto externo, que pode estar a alguma distância do observador, a síntese destes sinais pode melhorar a precisão da localização e acelerar as respostas comportamentais. Existem ligações estreitas entre a audição e o movimento, e as respostas auditivas são normalmente suprimidas pelo movimento e por outras actividades.

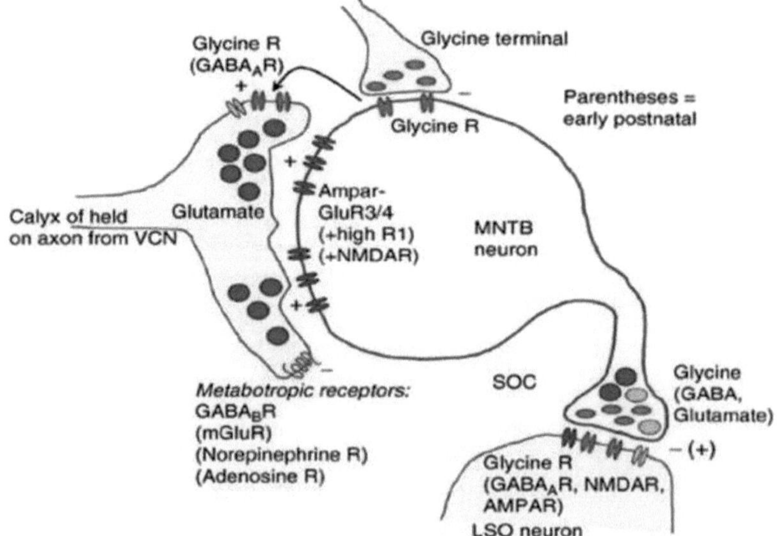

Fig. 17. Mecanismo neuroquímico do sistema auditivo.

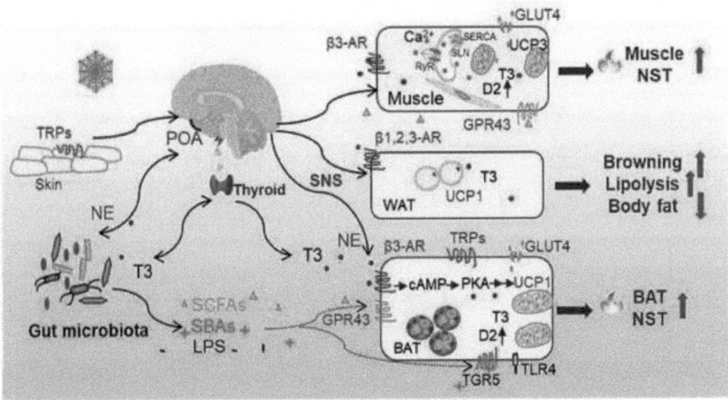

Fig. 18. Mecanismo neuroquímico do sistema de termorregulação.

A termorregulação é o mecanismo biológico responsável pela manutenção de uma temperatura corporal interna estável. O sistema de termorregulação inclui o hipotálamo no cérebro, bem como as glândulas sudoríparas, a pele e o sistema circulatório.

O corpo humano utiliza três mecanismos Fonte fidedigna de termoregulação:

- respostas eferentes
- deteção aferente
- controlo central.

As respostas eferentes são os comportamentos que os seres humanos podem adotar para regular a sua própria temperatura corporal. Exemplos de respostas eferentes incluem vestir um casaco antes de sair à rua nos dias frios e ir para a sombra nos dias quentes.

A deteção aferente envolve um sistema de receptores de temperatura à volta do corpo para identificar se a temperatura central está demasiado quente ou fria. Os receptores transmitem a informação ao hipotálamo, que faz parte do cérebro.

O hipotálamo actua como controlo central, utilizando a informação que recebe dos sensores aferentes para produzir hormonas que alteram a temperatura corporal. Estas hormonas enviam sinais para várias partes do corpo para que este possa responder ao calor ou ao frio das seguintes formas:

Resposta ao calor	Resposta ao frio
transpiração	tremores, ou termogénese
dilatação dos vasos sanguíneos, conhecida como vasodilatação	constrição dos vasos sanguíneos, conhecida como vasoconstrição
diminuição do metabolismo	aumento do metabolismo

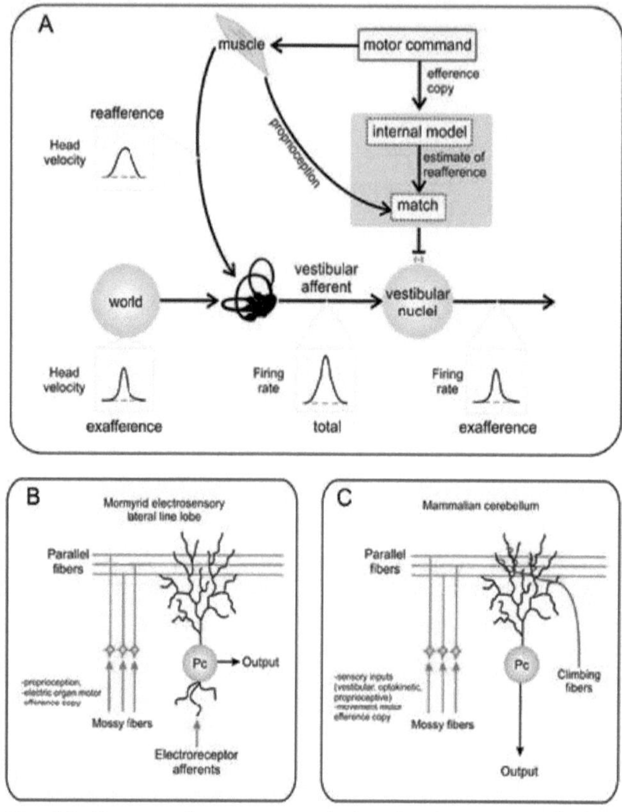

Fig. 19. O mecanismo neuroquímico do sistema vestibular.

9.3.Codificação química da linguagem

A linguagem e a leitura são capacidades que constituem um desafio para as pessoas. A linguagem faz parte da inteligência geral e é independente de outras funções intelectuais.

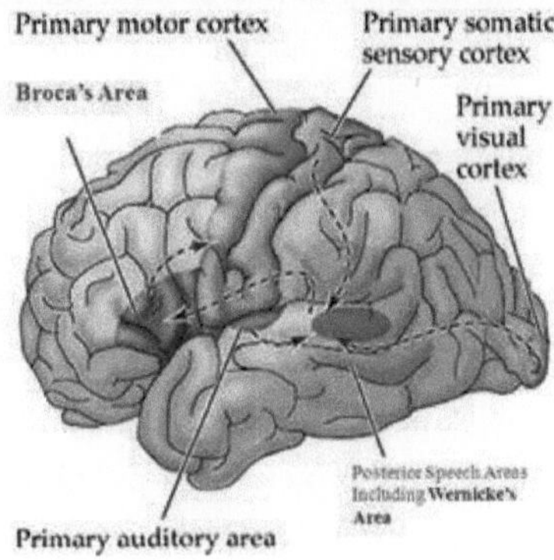

Fig. 20. As áreas de Broca e Wernicke.

O gene da linguagem Forkhead box protein P2 é uma proteína humana codificada pelo gene FOXP2 no 7º cromossoma e é um fator de transcrição que regula a atividade de muitos outros genes. O gene FOXP2 está ligado ao desenvolvimento das capacidades linguísticas.

A fim de procurar os mecanismos moleculares da evolução da fala, estão a ser realizados estudos comparativos do gene FOXP2 com um gene semelhante do chimpanzé, cujo produto difere apenas em dois aminoácidos. A proteína FOXP2 do orangotango difere em dois aminoácidos da do rato e em três da humana.

Em ratinhos quiméricos, em cuja proteína FOXP2 foram feitas duas substituições de aminoácidos "humanos", os autores do estudo observaram "uma mudança qualitativa nos sinais vocais emitidos pelas crias".

O gene *FOXP2* fornece instruções para a produção de uma proteína chamada forkhead box P2. Esta proteína é um fator de transcrição, o que significa que controla a atividade de outros genes. Liga-se ao ADN desses genes através de uma região conhecida como domínio forkhead. Os investigadores suspeitam que a proteína forkhead box P2 pode regular centenas de genes, embora apenas alguns dos seus alvos tenham sido identificados.

A proteína forkhead box P2 está ativa em vários tecidos, incluindo o cérebro, tanto antes como depois do nascimento. Estudos sugerem que desempenha um papel importante no desenvolvimento do cérebro, incluindo o crescimento dos neurónios e a transmissão de sinais entre eles. Está também envolvida na plasticidade sináptica, que é a capacidade das ligações entre neurónios (sinapses) de se alterarem e adaptarem à experiência ao longo do tempo. A plasticidade sináptica é necessária para a aprendizagem e a memória.

A proteína forkhead box P2 parece ser essencial para o desenvolvimento normal da fala e da linguagem. Os investigadores estão a trabalhar para identificar os genes regulados pela forkhead box P2 que são críticos para a aprendizagem destas competências.

9.4.Codificação química do olfato

O sentido do olfato é a capacidade de perceber e distinguir odores.

Para cheirar, ou seja, para excitar os receptores olfactivos, as moléculas das substâncias devem ser voláteis e, pelo menos, ligeiramente solúveis em água. A sensibilidade dos receptores é muito elevada - é possível excitar a célula olfactiva mesmo com uma molécula. As substâncias odoríferas trazidas pelo ar inalado interagem com receptores proteicos na membrana dos cílios, causando despolarização (potencial recetor). Este espalha-se ao longo da membrana da célula recetora e leva ao aparecimento de um potencial de ação que "foge" ao longo do axónio até ao cérebro.

A frequência dos potenciais de ação depende do tipo e da intensidade do odor, mas, em geral, uma única célula sensorial pode responder a uma série de odores. Normalmente, alguns deles são preferíveis, ou seja, o limiar de reação a esses odores é mais baixo. Assim, cada substância odorífera excita muitas células, mas cada uma delas de forma diferente. Muito provavelmente, cada recetor olfativo está sintonizado com o seu próprio odor puro e transmite informações sobre a sua modalidade, codificadas pelo "número do canal" (foi demonstrado que o recetor para cada substância odorífera específica está localizado numa área específica do epitélio olfativo). A intensidade de um odor é codificada pela frequência dos potenciais de ação nas fibras olfactivas. A criação de uma sensação olfactiva holística é uma função do sistema nervoso central.

Algumas moléculas idênticas têm odores diferentes, ou seja, o papel principal é desempenhado pela forma geométrica das moléculas da substância odorífera. Isto explica-se pelo facto de nos pêlos olfactivos da cavidade nasal existirem orifícios de cinco formas básicas que captam cinco odores (cânfora, almiscarado, flor, menta, etéreo), respetivamente. Todos os odores existentes podem ser obtidos através da mistura dos sete odores acima referidos em combinações e proporções adequadas.

Sete cores do espetro, sete sons simples e sete componentes do olfato - é isto que constitui toda a variedade de cores, sons e cheiros. Isto significa que existem padrões gerais nas sensações visuais, gustativas e olfactivas, ou seja, é possível obter um acorde não só de som e cor, mas também de cheiro.

Os odorantes induzem uma variedade de respostas, desde a emissão de sinais comportamentais simples até à geração de alterações cognitivas e emocionais ou sentimentos sofisticados.

O gene do olfato UGT2A1 e UGT2A2. A perda temporária do olfato e do paladar é um dos sintomas da COVID-19. A análise mostrou que um risco acrescido de perda de olfato está associado aos genes UGT2A1 e UGT2A2. O UGT2A1 e o UGT2A2 são principalmente activos nas células da mucosa nasal, participando no metabolismo de substâncias odoríferas: contêm "instruções" para a construção de enzimas que desempenham um papel importante na perceção dos odores.

O recetor olfativo 7D4 é uma proteína que, nos seres humanos, é codificada pelo gene *OR7D4*.

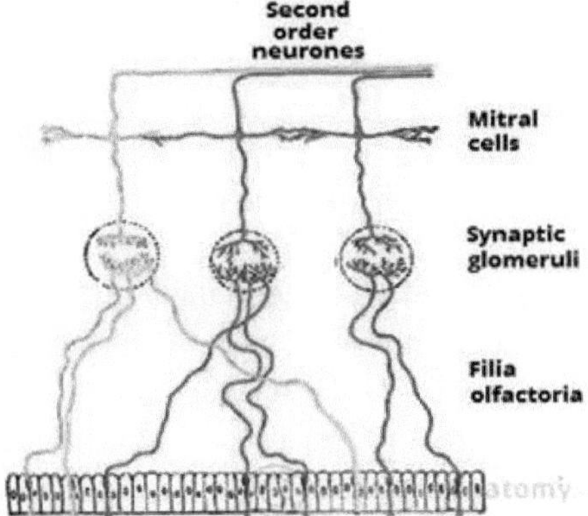

Fig. 21. O sistema Smeel.

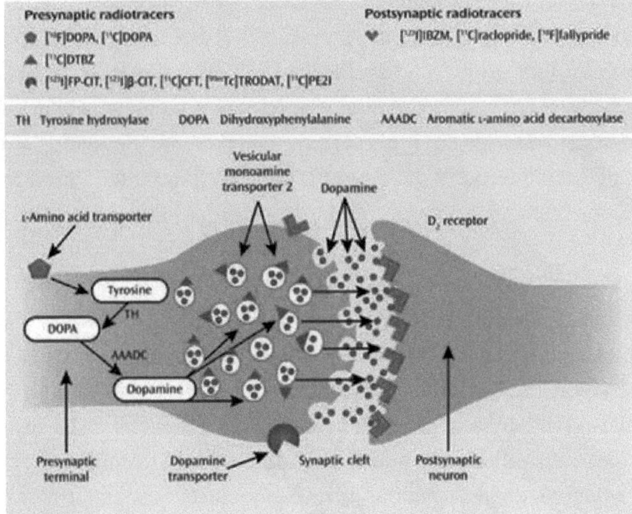

Fig. 22. O mecanismo neuroquímico do Sistema de Smeel.

Os receptores olfactivos interagem com moléculas odorantes no nariz, para iniciar uma resposta neuronal que desencadeia a perceção de um cheiro. As proteínas dos receptores olfactivos são membros de uma grande família de receptores acoplados à proteína G (GPCR) que surgem de genes com um único exão de codificação. Os receptores olfactivos partilham uma estrutura de 7 domínios transmembranares com muitos receptores de neurotransmissores e hormonas e são responsáveis pelo reconhecimento e pela transdução de sinais odoríferos mediada pela proteína G. A família de genes dos receptores olfactivos é a maior do genoma. A nomenclatura atribuída aos genes e proteínas dos receptores olfactivos para este organismo é independente da de outros organismos.

As pessoas com o polimorfismo OR7D4 R88W/T133M são menos sensíveis a estes odores e consideram-nos menos ofensivos, sendo carateristicamente descritos como "suados".

A entrega do estímulo olfativo começa da seguinte forma. O odorante liga-se a um recetor na membrana da célula olfactiva. O recetor olfativo é um recetor acoplado à proteína G e, como todos os GPCR, contém 7 domínios. Ao contrário de outros receptores da superfamília dos GPCR, os receptores olfactivos caracterizam-se por uma grande diversidade de aminoácidos nos domínios transmembranares 3, 4 e, sobretudo, 5. Além disso, os receptores olfactivos diferem dos outros GPCR pela sua menor especificidade: têm, em graus variáveis, uma afinidade por uma série de odorantes estereoquimicamente semelhantes. No entanto, pequenas alterações na estrutura química do odorante podem corresponder a uma alteração no conjunto de receptores estimulados e a uma alteração na perceção subjectiva. Assim, a substituição do grupo hidroxilo do octanol por um grupo carboxilo leva a uma alteração significativa da perceção olfactiva: em vez de um odor que lembra uma laranja, sente-se o cheiro a ranço e a suor. Além disso, o número de receptores estimulados e a perceção subjectiva podem depender da concentração do odorante. Por exemplo, em concentrações baixas, o indol tem um aroma floral agradável e, em concentrações elevadas, tem um aroma putrefacto repugnante.

A ligação do odorante ao recetor ativa a proteína Gs, que ativa a enzima adenilato ciclase, resultando na decomposição do GTP em fosfato e HDP. A adenilato ciclase converte o ATP em AMPc, que se liga a um canal de catiões dependente de ciclonucleótidos na membrana e abre o fluxo de iões Na^+ e Ca^{2+} para a célula olfactiva, desencadeando assim um potencial de ação na mesma, que é depois transmitido aos neurónios aferentes. No entanto, por vezes, os receptores olfactivos não activam a adenilato ciclase, mas sim a fosfolipase, e o mensageiro secundário não é o AMPc, mas sim o inositol trifosfato e o diacilglicerol. Além disso, é possível que nas células olfactivas, devido à ativação da NO sintase pelo cálcio, seja formado NO, o que leva à formação de

GMPc.

Os canais dependentes de ciclonucleótidos têm seis segmentos hidrofóbicos e são estruturalmente semelhantes aos canais iónicos dependentes de voltagem. A diferença é que os canais dependentes de ciclonucleótidos têm um grande domínio citoplasmático C-terminal que se liga a segundos mensageiros. Existem 2400 canais/gm^2 nos cílios (no taco olfativo e nos dendritos existem apenas 6 cluiiinels/Liiir. Na ausência de cálcio, os canais dependentes de ciclonucleótidos são permeáveis a todos os catiões monovalentes: $Na^+ > K^+ > Li^+ > Rb^+ > Cs^+$. Quando expostos a um odorante, as correntes iónicas através dos canais dependentes de ciclonucleótidos alteram-se, levando à despolarização da membrana celular e desencadeando um potencial de ação.

As células olfactivas do mesmo tipo transmitem os seus sinais ao mesmo glomérulo do bolbo olfativo, e a organização espacial deste último repete topograficamente a localização dos receptores na superfície da concha olfactiva. É de notar que um recetor olfativo pode ser excitado por uma molécula de um odorante.

Em 2004, Linda Buck e Richard Axel receberam o Prémio Nobel da Fisiologia ou da Medicina pelas suas investigações sobre os receptores olfactivos dos mamíferos; foram eles que estabeleceram a natureza química das proteínas dos receptores olfactivos, estimaram o número de genes no genoma dos mamíferos que codificam essas proteínas e fundamentaram as regras segundo as quais uma célula olfactiva exprime um tipo de proteínas dos receptores olfactivos e uma é responsável pelo processamento dos sinais de todas as células olfactivas do mesmo tipo no glomérulo do bolbo olfativo.

9.5. Codificação química do gosto

A informação gustativa é uma forma de informação que é transmitida através das papilas gustativas do nosso corpo. As papilas gustativas encontram-se na língua, na faringe e na boca e são capazes de detetar diferentes sensações gustativas, como o doce, o salgado, o ácido e o amargo.

A informação gustativa baseia-se em quatro sensações gustativas básicas: doce, salgado, ácido e amargo. Estas sensações são formadas pela interação de várias moléculas com os receptores correspondentes e são transmitidas ao cérebro para processamento e perceção.

A informação gustativa interage com outros sistemas sensoriais, como o olfato e o tato, para criar uma imagem completa e multifacetada da experiência alimentar. Isto permite-nos avaliar os alimentos e fazer escolhas informadas sobre a experiência que é mais agradável e que satisfaz as nossas preferências gustativas.

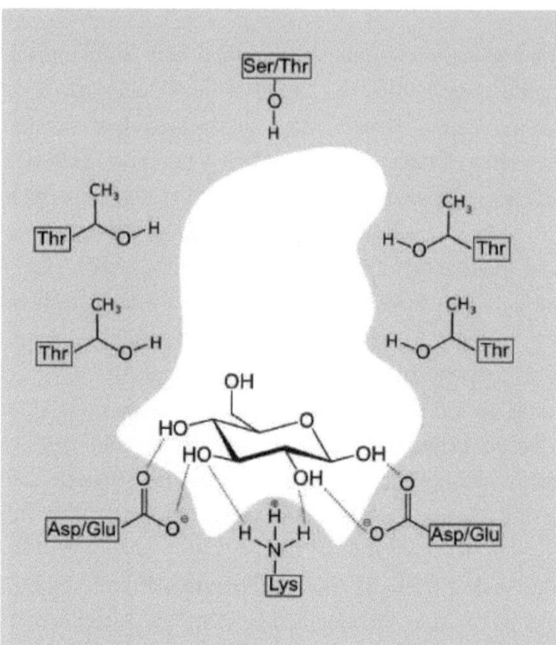

Fig. 23. Recetor de sabor doce que se liga a uma molécula de glucose.

Os receptores para os sabores doce, amargo e umami são metabotrópicos e acoplados à proteína G. Os impulsos sensoriais de entrada do sabor amargo são conduzidos pela proteína G a-gastducina. O recetor umami é um recetor metabotrópico do glutamato (mGluR4), cuja estimulação provoca uma diminuição da concentração de AMPc. O sabor azedo é sentido quando a presença de iões H+, caraterística de um meio ácido, leva a um fecho mais frequente dos canais de K+, despolarizando assim a célula sensível. O sabor salgado deve-se à presença de catiões Na+, K+, etc., uma vez que estes, entrando na célula sensitiva através de canais iónicos específicos, despolarizam a célula, mas a presença de aniões também desempenha um papel importante. As informações provenientes das células sensoriais são recolhidas pelo nervo facial (2/3 anteriores da língua), pelo nervo glossofaríngeo (1/3 posterior da língua e palato duro) e pelo nervo vago (faringe e epiglote), de onde entram num feixe especial na medula oblonga. Em seguida, entra no tálamo e depois na zona correspondente do córtex cerebral.

As diferenças na perceção e na sensibilidade do paladar podem ser explicadas por variações genéticas, pelo que o conhecimento da medida em que os factores genéticos influenciam o desenvolvimento das preferências individuais do paladar e dos padrões alimentares é importante para as acções de política pública que abordam os comportamentos nutricionais. O nosso objetivo foi rever os polimorfismos genéticos responsáveis pela variabilidade do gosto e das preferências alimentares, de modo a contribuir para uma melhor compreensão do desenvolvimento do gosto e das preferências alimentares.

O gene CD36 é responsável pelo consumo de alimentos gordos no organismo. O CD36 é uma proteína de membrana expressa na superfície de vários tipos de células, especialmente macrófagos; pertence aos receptores scavenger de classe B, um componente do sistema imunitário inato. Liga-se a eritrócitos infectados com o parasita Plasmodium falciparum, a lipoproteínas de baixa densidade oxidadas, a fosfolípidos e a ácidos gordos. O CD36, expresso na superfície do epitélio das papilas gustativas da língua, é um recetor que se liga aos ácidos gordos alimentares e está envolvido na formação do "sabor a gordura". O sabor doce dos brócolos deve-se a uma variação do gene TAS2R38.

As explicações biológicas da visão, da audição e do movimento são bastante pormenorizadas. A investigação progride, sobretudo porque os investigadores conseguem medir razoavelmente bem os estímulos e os comportamentos. A linguagem, o pensamento e a atenção são mais difíceis de medir e, por conseguinte, mais difíceis de estudar.

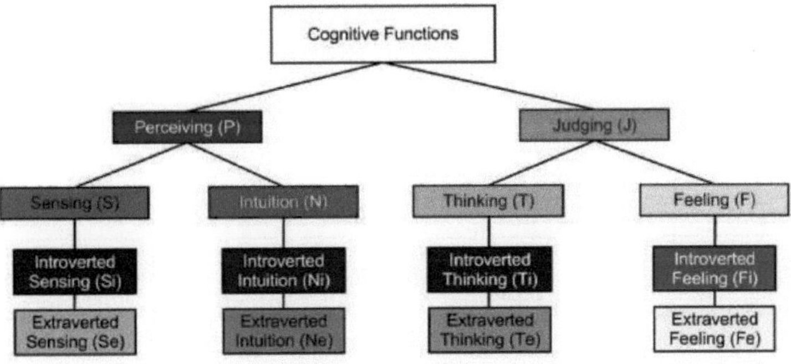

Fig. 24. O mecanismo neuroquímico da Função Cognitiva.

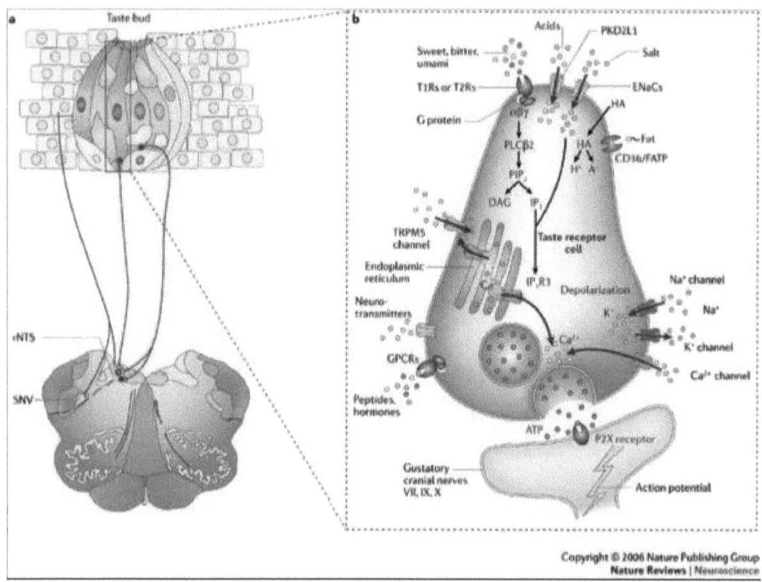

Fig. 25. O mecanismo neuroquímico do sistema gustativo.

O recetor do paladar 2 membro 38 é uma proteína que, em humanos, é codificada pelo gene *TAS2R38*. O TAS2R38 é um recetor do gosto amargo; os diferentes genótipos do *TAS2R38* influenciam a capacidade de sentir o gosto do 6-n-propiltiouracilo (PROP) e da feniltiocarbamida (PTC). Embora tenha sido frequentemente proposto que a variação dos genótipos dos receptores gustativos poderia influenciar a capacidade de degustação, o TAS2R38 é um dos poucos receptores gustativos que demonstrou ter esta função.

Tal como acontece com todas as proteínas TAS2R, a TAS2R38 utiliza a proteína G gustducina como o seu principal método de transdução de sinal. Tanto a subunidade a como a subunidade Py são cruciais para a transmissão do sinal gustativo.

A capacidade diferencial de provar o composto amargo feniltiocarbamida (PTC) foi descoberta há mais de 80 anos. Desde então, a capacidade de provar PTC foi mapeada no cromossoma 7q e, alguns anos mais tarde, foi demonstrado que está diretamente relacionada com o genótipo *TAS2R38*. Existem três polimorfismos comuns no gene TAS2R38 - A49P, V262A e I296V - que se combinam para formar dois haplótipos comuns e vários outros haplótipos muito raros. Os dois haplótipos comuns são AVI (frequentemente designado por "não provador") e PAV (frequentemente designado por "provador"). As combinações variáveis destes haplótipos produzirão homozigotos -PAV/PAV e AVI/AVI-e heterozigotos -PAV/AVI. Estes genótipos podem ser responsáveis por até 85% da variação na capacidade de degustação da PTC: as pessoas que possuem duas cópias do polimorfismo PAV referem que a PTC é mais amarga do que os heterozigotos *TAS2R38*, e as pessoas que possuem duas cópias do polimorfismo AVI/AVI referem frequentemente que a PTC é essencialmente insípida. Supõe-se que estes polimorfismos afectam o sabor através da alteração dos domínios de ligação à proteína G.

9.6.Codificação química da motivação

A motivação surge com base numa determinada necessidade, que é entendida como qualquer desvio de uma ou outra constante vital em relação ao nível que assegura o funcionamento normal do organismo.

A deteção das necessidades emergentes do organismo e a formação da excitação motivacional são efectuadas em várias fases, muito antes de se verificarem alterações significativas nos tecidos. A primeira fase da formação da excitação motivacional consiste em "alterações rítmicas em determinados centros nervosos que ocorrem sob a influência de sinais provenientes dos receptores dos órgãos periféricos correspondentes" (estômago, fígado, bexiga). A excitação motivacional começa a formar-se com base em mecanismos puramente neurais. Na segunda fase, o lugar principal na formação da excitação motivacional é atribuído a factores humorais. A necessidade de determinadas substâncias é sentida pelos quimiorreceptores da corrente sanguínea e pelos quimiorreceptores centrais especiais.

Assim, a excitação motivacional é formada com base em mecanismos nervosos e humorais. Para a formação natural da excitação motivacional, é necessário que os centros correspondentes recebam estimulação primeiro pela via nervosa e depois pela via humoral. No entanto, na formação de várias excitações motivacionais, a importância relativa dos factores nervosos e humorais é diferente. A excitação dos aparelhos receptores, causada pelo desvio das constantes vitais da norma, é dirigida às partes hipotalâmicas do sistema nervoso central.

Notemos as seguintes propriedades específicas da excitação motivacional: a) reflecte a necessidade vital do organismo; b) determina a atitude ativa do organismo perante os estímulos do mundo exterior; c) põe em ação a experiência anterior de satisfação da necessidade correspondente e contribui assim para a organização intencional do comportamento. Várias necessidades podem ser actualizadas em qualquer momento.

O mecanismo neurofisiológico que determina a dominância de uma ou outra motivação é constituído por duas componentes. Em primeiro lugar, uma forte excitação motivacional, com base na sua seletividade química específica, ocupa quase todas as formações sinápticas do córtex cerebral. Em segundo lugar (e este é o mecanismo mais importante e económico), uma forte excitação motivacional, já ao nível dos mecanismos de pacemaker do hipotálamo, pode inibir outras excitações causadas por outra necessidade interna, suprimindo assim as suas influências activadoras ascendentes no córtex cerebral, desde a raiz.

Para terminar a análise dos mecanismos neurofisiológicos da motivação, é necessário deter-se também nas influências descendentes do córtex cerebral sobre os centros motivacionais do hipotálamo. Devido a estas influências, em certas condições, podem estabelecer-se interações cíclicas (reverberação) entre o córtex cerebral e as formações subcorticais, cujo significado biológico pode ser a manutenção de tensões tónicas a longo prazo dos elementos corticais.

As motivações interagem estreitamente com os mecanismos da memória. As motivações que se formam sob a influência de necessidades metabólicas internas e de factores ambientais têm uma capacidade acentuada de extrair da memória a experiência genética e individual dos sujeitos na satisfação da necessidade dominante que lhes está subjacente.

9.7. Codificação química da memória

A memória é uma forma de reflexão mental que consiste na inclusão, conservação e posterior reprodução de experiências passadas, permitindo a sua reutilização em atividade ou o seu regresso à esfera da consciência.

A memória liga o passado de um sujeito ao seu presente e ao seu futuro e é a fase cognitiva mais importante subjacente ao desenvolvimento e à aprendizagem.

A memória está no processo de perceção, uma vez que sem reconhecimento a perceção é impossível.

De um ponto de vista adicional, a associação representa uma ligação neural temporária. criar dois tipos de associações: simples e complexas. É fácil usar três tipos de associações:

1. Associação por adjacência. As imagens de perceção ou quaisquer ideias evocam as ideias que foram vividas no passado em simultâneo com elas ou imediatamente a seguir a elas.

2. Associação por semelhança. As imagens de perceção ou certas ideias evocam na nossa consciência ideias que lhes são semelhantes de alguma forma.

3.   Associação por contraste. As imagens de perceção ou certas ideias evocam na nossa consciência ideias e atitudes que lhes são opostas, que contrastam com elas.

A existência de associações deve-se ao facto de os objectos e os fenómenos serem efetivamente captados e reproduzidos, não isoladamente, mas em ligação uns com os outros. A reprodução de uns implica a reprodução de outros, o que é determinado por conexões objectivas reais entre objectos e fenómenos. Sob a sua influência, surgem ligações temporárias no córtex cerebral, que servem de base fisiológica para a memorização e a reprodução.

Numa sinapse, a alteração da força da ligação (plasticidade sináptica) pode ser de curto ou de longo prazo. Depende do número de repetições do estímulo de aprendizagem. A memória a longo prazo baseia-se não só num aumento da força sináptica, mas também num aumento do número de ligações sinápticas.

Verificou-se que, durante a dependência, a quantidade de mediador glutamato libertado no neurónio sensorial diminui. Verificou-se que o modulador da força sináptica é a serotonina, que liberta um interneurónio modulador após a estimulação. Com a sua libertação, a libertação do mediador aumenta e a concentração de AMPc no neurónio sensorial que actua no neurónio motor da guelra aumenta. A introdução de AMPc no neurónio sensorial também aumenta a libertação do mediador.

Memória de curto prazo

Com a sensibilização a curto prazo (de minutos a horas), uma única exposição provoca uma libertação temporária de serotonina. A serotonina actua no recetor membranar da serotonina, activando a proteína G, que ativa a adenilato ciclase. Esta sintetiza cAMP, que ativa a proteína quinase A (PKA). Após a ativação, as subunidades reguladoras da PKA ligadas ao AMPc são separadas das subunidades catalíticas. As subunidades catalíticas da PKA actuam nos canais de potássio, enquanto os iões K^+ deixam o neurónio sensorial mais lentamente durante a fase descendente do potencial de ação e os iões Ca^{2+} entram na célula em maior quantidade. O resultado é uma maior libertação de mediadores. A duração destes processos corresponde à memória de curto prazo.

Memória de longo prazo

A sensibilização a longo prazo do reflexo branquial da Aplysia conduz a dois tipos principais de alterações nos neurónios sensoriais: 1) Atividade sustentada da PKA; 2) Aumento do número de ligações sinápticas com um neurónio motor. Com a estimulação repetida da "cauda", o nível de AMPc aumenta e permanece inalterado durante vários minutos. Durante este tempo, as subunidades catalíticas da PKA têm tempo de se deslocar para o núcleo juntamente com a proteína quinase activadora de mitogénio (MAPK). No núcleo, a PKA e a

MAPK fosforilam e activam a proteína CREB-1 (fator de transcrição) e suprimem a ação do CREB-2, um inibidor do CREB-1. A partir daí, o CREB-1 ativa vários genes de resposta precoce. Um deles codifica a ubiquitina-C-hidrolase, que leva à clivagem controlada das subunidades reguladoras da proteína quinase A. Isto leva a uma atividade constante da PKA, em resultado da qual as subunidades catalíticas actuam sobre o K+ durante mais tempo, o Ca2+ entra no neurónio em concentrações elevadas durante mais tempo. O mediador destaca-se mais. Frequentemente, verifica-se um aumento do número de sinapses, da sua área, o que leva também a uma maior libertação do neurotransmissor. O aumento das sinapses está associado à ativação de genes de resposta tardia, que são responsáveis por proteínas codificadas por outros genes de resposta precoce.

Os cientistas vêem a perspetiva de prosseguir a investigação no estudo da sequência de acontecimentos que combinam o funcionamento do giro dentado com a região CA3 do hipocampo, bem como a interação com outras vias necessárias à formação da memória de longo prazo.

X. A lei básica da química da mente

A Lei Básica da Psicoquímica, também conhecida como Lei Básica da Psicofarmacologia ou Lei de Meislin, afirma que "qualquer mudança no estado mental de uma pessoa é acompanhada por uma mudança no estado bioquímico do cérebro". Isto significa que qualquer fenómeno mental, como as emoções, os pensamentos ou o comportamento, está associado a determinados processos bioquímicos que ocorrem no cérebro. A alteração destes processos bioquímicos (por exemplo, através da ação de substâncias psicoactivas como as drogas ou os narcóticos) conduz a uma alteração do estado mental.

A Lei de Meislin é importante para compreender como funcionam as substâncias psicoactivas e como as perturbações mentais podem estar ligadas à bioquímica cerebral.

A Lei de Meisling, também conhecida como Lei Psicoquímica Básica, afirma que "Qualquer alteração no estado mental está associada a uma alteração correspondente na química do cérebro". Este princípio enfatiza a estreita relação entre os processos mentais e a bioquímica cerebral, indicando que todos os estados mentais, como as emoções, o humor ou os processos cognitivos, têm uma base bioquímica.

A importância desta lei reside no facto de servir de base a muitos aspectos da neuropsicologia e da psicofarmacologia. A compreensão desta relação permite que cientistas e médicos desenvolvam medicamentos e terapias para corrigir perturbações mentais, influenciando a química do cérebro.

A Lei de Meisling é utilizada em neurofisiologia para descrever processos bioquímicos no cérebro relacionados com a síntese e distribuição de neurotransmissores.

Exemplo de cálculo baseado na lei de Meislin:

Suponhamos que a lei de Meislin relaciona a concentração de um neurotransmissor (por exemplo, a serotonina) no cérebro com o nível de atividade de uma determinada enzima envolvida na sua síntese ou metabolismo.

A lei pode ser expressa da seguinte forma:

$$C = k - E,$$

em que: C é a concentração do neurotransmissor, E é a atividade da enzima, k é o coeficiente de proporcionalidade que depende da enzima e das condições específicas.

Exemplo do problema:

Vamos supor que os seguintes dados são conhecidos:

* A atividade da enzima E é de 50 nmol/min,
* O coeficiente k para este processo é 2.

É necessário determinar a concentração de serotonina C no cérebro.

Solução:

Usando a lei de Maesling:

$$C = k\text{-}E = 2 \times 50 = 100 \text{ nmol/L}$$

Assim, a concentração de serotonina é de 100 nmol/L.

A lei de Maesling é utilizada para modelar a relação entre a dose de uma substância psicoactiva e o seu efeito no estado mental ou no comportamento de uma pessoa. Esta lei pode ser expressa matematicamente da seguinte forma

$$E = D/D + EC50,$$

em que: E é o efeito da dose, D é a dose do fármaco, EC50 é a concentração na qual 50% do efeito máximo é alcançado.

Exemplo de cálculo:

Digamos que temos uma substância psicoactiva com EC50 = 20 mg. Queremos saber o efeito de uma dose de D = 10 mg.

Utilizamos a fórmula:

$$E = 10/10 + 20 = 10/30 = 0.33.$$

Assim, o efeito de uma dose de 10 mg será de 33% do efeito máximo possível. Este modelo simplifica o comportamento real dos fármacos e é utilizado para estimativas aproximadas em farmacologia.

XI. Comportamento orientado por objectivos

Há necessidades de alimentação, água, satisfação sexual, conforto térmico, alívio da dor. Em condições diferentes, estas necessidades dão origem a emoções diversas. O amor é um tipo de necessidade, uma necessidade muito complexa, formada pela influência do ambiente social, da ética e da visão do mundo de uma determinada sociedade. Consoante as circunstâncias, o amor dá origem a emoções de alegria, prazer, gratidão, ressentimento, tristeza, indignação.

Cada necessidade tem a sua medida subjectiva e objetiva.

O aparecimento das necessidades fundamentais dos seres vivos está associado a mudanças iniciais na química interna. Acredita-se que uma mudança no metabolismo do ciclo do ácido tricarboxílico) é o elo inicial do estado de fome dos mamíferos superiores. Esta mudança é percepcionada pelos receptores da região alimentar do cérebro e da periferia. A sinalização do estômago é de grande importância neste caso. O enchimento artificial do estômago requer um aumento da estimulação eléctrica direta do centro da fome no cérebro para obter um comportamento alimentar. A violação do equilíbrio do sal de água excita as células especializadas do hipotálamo. Isto leva à contração dos músculos da parte superior da faringe e do esófago. Ao contraírem-se, os músculos irritam as terminações nervosas sensíveis, o que leva a uma sensação de sede.

A teoria considera como elemento do comportamento um ato comportamental elementar - um quantum de comportamento. Neste sentido, existem 3 tipos de comportamento:

1. Comportamento orientado para um objetivo que visa satisfazer a motivação (SM).

2. O comportamento orientado para um objetivo (GA) é um conjunto de formas de atingir um objetivo, uma etapa e um elemento de comportamento (GB).

3. O ato orientado para um objetivo (GAct) é um quantum mínimo de comportamento, um ato mínimo que proporciona um resultado mínimo que conduz a um objetivo.

De acordo com Sudakov:

Vida = E SM + E GB + E GAct.

A atividade orientada para um objetivo de todos os seres vivos assenta num único princípio: motivação da necessidade comportamento orientado para um objetivo satisfação da necessidade avaliação do resultado da ação.

A arquitetura central do ato comportamental desenrola-se no tempo, embora muito curto (milissegundos).

Síntese aferente. A motivação biológica surge com base numa necessidade biológica. Trata-se de mecanismos inatos do cérebro. São eles próprios que constroem o comportamento, sem sinais aferentes (instintos).

O comportamento orientado para um objetivo distingue-se do comportamento habitual ou reflexivo devido à sua natureza deliberada e informada. As caraterísticas do comportamento orientado para um objetivo incluem a sensibilidade ao valor atual do resultado e a capacidade de gerar sequências de acções que atinjam o resultado desejado - mesmo que seja necessária uma nova sequência de acções. Estas capacidades requerem geralmente o conhecimento da estrutura causal do ambiente (um modelo do mundo), de modo a que as consequências das acções possam ser previstas e utilizadas para orientar o comportamento.

Necessidades (Nn) Memória (Ml,M2,Mn) Início Ação de ativação

Programa Tomada de decisão ARA Parâmetros Resultados Resultados finais,

em que N é Necessidades (Nn); M é Memória; M1,M2,Mn é Motivação; SA é Ativação Inicial; DM é Tomada de Decisão; ARA é Aceitação dos resultados da ação; RP é Parâmetros de Resultados; AP é Programa de Ação.

Esquema 1. Esquema de trabalho Comportamento orientado por objectivos.

Assim, do que precede, podem ser extraídas as seguintes conclusões:

1. O comportamento não se esgota na ação, mas visa a obtenção de resultados positivos.

2. A regulação sistémica do comportamento baseia-se no princípio da autorregulação, da necessidade à satisfação, com base nos resultados alcançados, utilizando um ciclo de feedback.

3. O comportamento baseia-se numa programação avançada das propriedades dos resultados pretendidos.

O comportamento termina quando o modelo e o resultado coincidem. Neste caso, o organismo é recompensado com a ajuda do aparelho de emoções positivas (prazer). Se houver erros no resultado, a reação de orientação-pesquisa é activada e a emoção negativa é reforçada. O aparelho de controlo corrige o comportamento e continua até receber um sinal sobre a satisfação da necessidade. Então, pára a sua ação e a informação sobre o percurso de satisfação da necessidade entra no aparelho de memória (aprendizagem).

O comportamento dirigido a um objetivo - a procura de um objeto-alvo que satisfaça uma necessidade - não é motivado apenas por experiências emocionais negativas. A força motivadora também é possuída por ideias sobre essas emoções positivas que, como resultado de experiências individuais passadas, estão associadas na memória de um animal e de uma pessoa com o recebimento de um futuro reforço positivo ou recompensa que satisfaça uma determinada necessidade específica. As emoções positivas são fixadas na memória e subsequentemente surgem de cada vez como uma espécie de ideia sobre o resultado futuro quando a necessidade correspondente surge.

A síntese aferente no contexto do comportamento orientado para um objetivo refere-se ao processo pelo qual o cérebro integra a informação sensorial do ambiente para formar uma perceção coerente, que depois informa e influencia o comportamento destinado a atingir objectivos específicos.

Explicação da síntese aferente no comportamento dirigido por objectivos:

1. **Recolha de dados sensoriais:**

o O processo começa com a recolha de informações sensoriais de várias modalidades (por exemplo, visual, auditiva, tátil).

2. **Integração da informação:**

o Estas entradas são transmitidas ao cérebro através de vias aferentes (sensoriais) e são integradas em várias regiões do cérebro. O cérebro processa e sintetiza esta informação para criar uma perceção unificada do ambiente.

3. **Apreciação e avaliação:**

o A informação sintetizada é avaliada no contexto dos objectivos actuais, das necessidades e das experiências passadas. Esta etapa envolve uma avaliação emocional e cognitiva, em que diferentes partes do cérebro, como o córtex pré-frontal, desempenham um papel na tomada de decisões.

4. **Tomada de decisões e planeamento:**

o Com base nesta avaliação, são tomadas decisões sobre as acções mais adequadas para atingir os objectivos desejados. O cérebro planeia estas acções, tendo em conta os potenciais resultados e riscos.

5. **Execução do comportamento:**

o Finalmente, as acções planeadas são executadas e o feedback do ambiente é recebido para ajustar e aperfeiçoar o comportamento.

Diagrama que representa o processo de síntese aferente no comportamento orientado para um objetivo, mostra como a informação sensorial é processada, integrada, avaliada e, em última análise, influencia a tomada de decisões e as acções. O feedback das acções é depois utilizado para ajustar o comportamento futuro, completando o ciclo.

Os neurotransmissores desempenham um papel fundamental na síntese aferente do comportamento, pois asseguram a transmissão de sinais entre os neurónios do sistema nervoso central. Eis os principais aspectos do seu papel:

1. **Transmissão de informação sensorial:**

Os neurotransmissores, como o glutamato e o ácido gama-aminobutírico (GABA), estão envolvidos na transmissão e modulação dos sinais sensoriais que entram no cérebro através das vias aferentes. O glutamato, por exemplo, é o principal neurotransmissor excitatório, que amplifica os sinais, e o GABA é o principal neurotransmissor inibitório, que reduz a atividade neuronal.

2. **Integração da informação:**

Os neurotransmissores estão envolvidos nos complexos processos de integração e processamento de informações provenientes de vários sentidos. Por exemplo, a serotonina e a norepinefrina podem modular a perceção e a atenção, influenciando os sinais que são considerados importantes e prioritários para análise posterior.

3. Motivação e tomada de decisões:

A dopamina desempenha um papel importante na motivação e na recompensa, o que influencia o comportamento orientado para os objectivos. Ajuda a avaliar o significado de vários estímulos e a escolher as acções adequadas para atingir os objectivos.

4. Regulação emocional e cognitiva:

A serotonina é também importante para a regulação do humor, das emoções e das funções cognitivas. Pode influenciar o processamento da informação sensorial e a tomada de decisões, dependendo do estado emocional do indivíduo.

5. Modulação da plasticidade:

Os neurotransmissores, como a acetilcolina, estão envolvidos em processos de neuroplasticidade que são necessários para a aprendizagem e a adaptação comportamental. Isto permite que o cérebro altere as suas respostas aos estímulos sensoriais em função da experiência.

Assim, os neurotransmissores asseguram a interação funcional de diferentes partes do cérebro, o que permite a integração de sinais sensoriais, a formação de reacções adequadas e a regulação do comportamento orientado para um objetivo.

XII. Leis da psicofarmacologia

A psicofarmacologia é o estudo da forma como os medicamentos afectam a mente e o comportamento, influenciando a química do cérebro. Embora não existam "leis" universalmente codificadas da psicofarmacologia, como existem para a física ou a matemática, existem alguns princípios fundamentais ou "leis" frequentemente citados neste domínio. Eis alguns dos conceitos-chave:

1. Lei da Especificidade

• **Definição**: As drogas têm efeitos específicos no cérebro com base na sua estrutura química e nos sistemas de neurotransmissores que influenciam.

• **Implicações**: O efeito de um medicamento é determinado pela sua interação com receptores específicos ou vias bioquímicas no cérebro.

2. Relação Dose-Resposta

• **Definição**: O efeito de um medicamento está relacionado com a dose administrada. Geralmente, à medida que a dose aumenta, o efeito aumenta, até um certo ponto.

• **Implicações**: A compreensão desta relação é crucial para determinar a dose terapêutica e evitar a toxicidade.

3. Lei da Tolerância

• **Definição**: O uso repetido de uma droga pode levar à tolerância, em que os efeitos da droga diminuem com o tempo, exigindo doses mais elevadas para obter o mesmo efeito.

• **Implicações**: A tolerância pode afetar a eficácia terapêutica de um medicamento e pode levar à dependência.

4. Lei da retirada

• **Definição**: A interrupção do consumo de uma droga após um uso prolongado pode resultar em sintomas de abstinência, que são frequentemente o oposto dos efeitos da droga.

• **Implicações**: A compreensão da abstinência ajuda a gerir a descontinuação da droga e a tratar a dependência.

5. Lei das diferenças individuais

• **Definição**: Os indivíduos podem responder de forma diferente ao mesmo medicamento devido a factores genéticos, ambientais e fisiológicos.

• **Implicações**: As abordagens de medicina personalizada têm em conta as diferenças individuais para otimizar a eficácia do tratamento e minimizar os efeitos secundários.

6. Lei das Interações Medicamentosas

• **Definição**: As drogas podem interagir umas com as outras, aumentando ou diminuindo os seus efeitos ou criando novos efeitos.

• **Implicações**: A compreensão das interações medicamentosas é essencial para prevenir efeitos adversos e otimizar os resultados terapêuticos.

7. Lei dos efeitos psicoactivos

• **Definição**: As drogas psicoactivas podem alterar a perceção, o humor, a consciência, a cognição e o comportamento através da modulação dos sistemas de neurotransmissores.

• **Implicações**: Esta lei está na base da utilização terapêutica de medicamentos psicotrópicos no tratamento de perturbações da saúde mental.

8. Lei da individualidade bioquímica

• **Definição**: Cada indivíduo tem uma composição bioquímica única, que influencia a forma como as drogas são metabolizadas e como afectam o cérebro.

• **Implicações**: Esta lei apoia a necessidade de abordagens personalizadas em psicofarmacologia.

Estes princípios orientam o desenvolvimento, a prescrição e a gestão dos medicamentos psicoactivos, garantindo a sua utilização segura e eficaz.

XIII. Ciclo de feedback da consciência

O ciclo de feedback da consciência desempenha um papel fundamental na consciencialização e na autorreflexão. Este conceito refere-se ao processo pelo qual a mente observa e analisa os seus próprios estados, pensamentos e sensações, criando a auto-consciência.

Os principais aspectos do papel do circuito de retorno da consciência:

1. Autorreflexão: O ciclo de feedback permite que uma pessoa avalie as suas acções, pensamentos e estados emocionais, o que promove o autoconhecimento e o desenvolvimento do pensamento crítico.

2. Tomada de decisões: Através do ciclo de feedback, uma pessoa pode comparar os seus pensamentos e acções com normas e valores internos, o que ajuda a tomar decisões mais informadas.

3. Regulação das emoções: Ao observar os seus estados emocionais, a mente pode ativar mecanismos de regulação das emoções, o que ajuda a manter o equilíbrio mental.

4. Aprendizagem e adaptação: O ciclo de feedback é importante para a aprendizagem, uma vez que permite à mente ajustar o comportamento com base em experiências anteriores e novos dados.

5. Criação de significado: Ao ser capaz de reconhecer e analisar as suas próprias experiências, uma pessoa é capaz de lhes dar significado e de as integrar na sua história pessoal e na sua identidade.

O ciclo de feedback da consciência é, portanto, um componente crítico para a formação da auto-consciência e a manutenção da integridade pessoal.

As principais vantagens informativas da comunicação química:

1. A diversidade dos tipos de neurotransmissores, a natureza polissémica do alfabeto das mensagens, em contraste com o alfabeto binário das redes neuronais artificiais.

2. A concentração de cada transmissor como parâmetro adicional.

3. Difusão do sinal: a mensagem do transmissor recebida no espaço extracelular é acessível a todos os neurónios que possuem receptores para esse transmissor.

O mecanismo da mente

O conceito de "mente" engloba um vasto leque de funções e processos cognitivos que nos permitem pensar, percecionar, sentir e participar em comportamentos complexos. Compreender o mecanismo da mente implica explorar vários aspectos interligados da neurociência, da psicologia e da ciência cognitiva. Pensa-se que estes mecanismos funcionam:

1. Neurónios e redes neuronais

• **Neurónios**: Os blocos de construção básicos do cérebro e do sistema nervoso. Os neurónios comunicam entre si através de impulsos eléctricos e sinais químicos.

• **Sinapses**: Ligações entre neurónios onde ocorre a comunicação. Os neurotransmissores são libertados de um neurónio e ligam-se a receptores noutro neurónio.

- **Redes neuronais**: Grupos de neurónios que trabalham em conjunto para processar informação. Estas redes são responsáveis por tudo, desde os reflexos básicos até aos pensamentos e emoções complexos.

2. Estrutura e função do cérebro

- **Córtex cerebral**: A camada exterior do cérebro, responsável por funções de ordem superior como a perceção, o pensamento e a tomada de decisões.
- **Sistema límbico**: Um grupo de estruturas envolvidas na emoção, memória e motivação. Os principais componentes incluem o hipocampo, a amígdala e o hipotálamo.
- **Tronco cerebral e cerebelo**: Envolvidos em funções básicas da vida, como o ritmo cardíaco, a respiração e o controlo motor.

3. Processos Cognitivos

- **Perceção**: O processo de interpretação da informação sensorial do ambiente. Implica a integração de dados provenientes dos olhos, dos ouvidos, da pele, etc.
- **Atenção**: A capacidade de se concentrar em estímulos ou pensamentos específicos, ignorando outros. Crucial para a aprendizagem e a memória.
- **Memória**: Os processos envolvidos na codificação, armazenamento e recuperação de informação. Divide-se em memória de curto prazo (memória de trabalho) e memória de longo prazo.
- **Aprendizagem**: O processo de aquisição de novos conhecimentos ou competências através da experiência, do estudo ou do ensino.
- **Linguagem**: A capacidade de comunicar através de palavras faladas e escritas, envolvendo regiões cerebrais especializadas como as áreas de Broca e Wernicke.

4. Emoções e motivação

- **Emoções**: Reacções complexas que envolvem excitação fisiológica, comportamentos expressivos e experiência consciente. Controladas pelo sistema límbico e pelo córtex pré-frontal.
- **Motivação**: Os processos que iniciam, orientam e mantêm um comportamento orientado para um objetivo. Envolve o sistema de recompensa no cérebro, incluindo a libertação de neurotransmissores como a dopamina.

5. Consciência e auto-conhecimento

- **Consciência**: O estado de estar ciente e ser capaz de pensar sobre a sua própria existência, pensamentos e ambiente. Envolve redes neuronais alargadas ao longo do cérebro.
- **Autoconsciência**: O reconhecimento de si próprio como um indivíduo, distinto dos outros e do ambiente. Frequentemente ligado ao córtex pré-frontal.

6. Neuroplasticidade

- **Neuroplasticidade**: A capacidade do cérebro para se reorganizar, formando novas ligações neuronais ao longo da vida. Esta capacidade de adaptação é crucial para a aprendizagem, a memória e a recuperação de lesões cerebrais.

7. Teorias psicológicas

• **Psicologia Cognitiva**: Estuda processos mentais como a perceção, a memória e a resolução de problemas.

• **Psicologia Comportamental**: Centra-se nos comportamentos observáveis e nas formas como são aprendidos.

• **Teoria psicanalítica**: Enfatiza a influência da mente inconsciente e das experiências da primeira infância.

Compreender a mente envolve uma abordagem multidisciplinar, combinando conhecimentos da biologia, psicologia e neurociência para desvendar as complexidades do pensamento, emoção e comportamento humanos.

XIV. O aparelho para cegos e deficientes auditivos

Na era do progresso da informação, a posse de um computador está a tornar-se parte integrante da vida de cada um de nós. As tecnologias modernas permitem-nos utilizar programas informáticos não só para fins educativos e lúdicos, mas também para a reabilitação de pessoas que deles necessitam. Atualmente, existem muitos programas adaptados e especializados para a comunicação de pessoas com deficiência, com deficiência auditiva e com deficiência visual. Este trabalho abordará a utilização de tecnologias tiflotécnicas por utilizadores cegos quando trabalham num computador e os problemas que impedem a distribuição generalizada dessas mesmas tecnologias.

A importância da utilização de tecnologias tiflotécnicas aumentou significativamente nos últimos anos. A tecnologia informática, tendo passado para a categoria de produção em massa, tornou-se acessível a mais pessoas. A Internet é uma fonte de informação para todos, e as pessoas com deficiência visual e cegas não são exceção. Como é que elas conseguem utilizar um computador? Existem programas especiais para o acesso não visual à informação (leitor de ecrã). Na sua funcionalidade, são semelhantes a um "assistente com visão" que encontra informação de texto no ecrã do monitor e a lê em voz alta utilizando um sintetizador de voz ou a apresenta num ecrã Braille (tátil). Isto permite que as pessoas com deficiência visual trabalhem de forma independente num computador pessoal normal com programas de uso geral (MS Word, Internet Explorer, etc.).

As tecnologias informáticas especializadas para cegos e deficientes visuais proporcionam-lhes a participação no intercâmbio público de informações, abrem não só o caminho para a comunicação, mas também aumentam a competitividade na procura de emprego e a qualidade de vida em geral.

Possibilidades das tecnologias informáticas:

1. Acesso à informação em meios electrónicos, incluindo recursos de informação na Internet;

2. Acesso a textos impressos em formato plano (por digitalização e reconhecimento);

3. Transformação da informação eletrónica numa forma de apresentação material acessível e conveniente (impressão do texto em pontos em relevo ou em letra grande);

4. Preparação autónoma de documentos diversos em computador (relatórios, etc.);

5. Utilização de software moderno geralmente aceite para trabalhar com informação (sistemas de recuperação de informação, bases de dados.

Dispositivos de duplicação visual de informação e de amplificação sonora (indutiva), utilizados em interiores ou exteriores

A audição é a segunda forma mais importante de receber informação, a seguir à visão. A fala, o ruído da cidade, os sons da natureza, a música - graças a estes sons, a nossa imagem torna-se mais completa. Por isso, as pessoas que estão privadas ou quase privadas da capacidade de percecionar sons precisam de repor a informação perdida de outra forma. O que é que pode ajudar uma pessoa com deficiência auditiva a receber informação? Dispositivos de duplicação visual da informação e de amplificação sonora (indutiva) utilizados no interior ou no exterior. Iremos falar mais sobre cada tipo de dispositivo para pessoas com deficiência auditiva e surdas.

Os sistemas de indução (loops) são um tipo especial de transmissores utilizados para transmitir informações áudio diretamente para o aparelho auditivo de uma pessoa com deficiência auditiva. O seu princípio de funcionamento é semelhante ao de um rádio: baseia-se na conversão de um sinal acústico num campo magnético criado pela bobina de indução do aparelho, e na conversão inversa num sinal áudio no aparelho auditivo. Esta "cadeia" de processos permite-lhe eliminar todas as interferências e ruídos estranhos, o que torna o som o mais nítido possível.

A instalação de sistemas de indução é geralmente efectuada em locais públicos onde a obtenção de informações está associada à comunicação em direto, embora os dispositivos sejam frequentemente utilizados na vida quotidiana. Os laços de indução podem ser fixos e portáteis, e também diferem entre si pelo seu alcance.

Quadro visual-acústico

Em várias instituições sociais e comerciais, são utilizados painéis LED normais para informar os visitantes. Um painel visual e acústico combina vários dispositivos - é constituído por uma caixa com um painel LED matricial integrado e um sistema acústico bastante potente. Assim, pode reproduzir simultaneamente mensagens visuais e acústicas que podem ser utilizadas por pessoas com deficiências auditivas e visuais.

As informações reproduzidas pela placa são pré-carregadas no controlador de controlo através de um software especial e podem ser comutadas através de um controlo remoto.

Uma baliza luminosa é um indicador luminoso com informações que mudam periodicamente e destina-se principalmente a determinar as rotas de deslocação adaptadas a pessoas com deficiência. Uma baliza luminosa e sonora combina as funções de uma baliza luminosa convencional e de um informador de voz que, através de um sistema acústico incorporado, pode emitir mensagens de voz sobre a posição espacial de uma pessoa, possíveis obstáculos ao longo do percurso ou informações pré-gravadas.

A Tiflotécnica é um conjunto de vários dispositivos, aparelhos técnicos e métodos de aplicação que permitem às pessoas com deficiências visuais significativas obter as informações necessárias utilizando outros tipos de sensibilidade (auditiva, tátil, vibratória). A Tiflotécnica inclui todos os tipos de meios especiais que ajudam os deficientes visuais e os cegos nos seus estudos, actividades profissionais, orientação espacial, serviços culturais e quotidianos.

Principais funções da tiflotécnica. As principais funções da tiflotécnica não são apenas a possibilidade de eliminar as restrições causadas pela perda total ou significativa da visão, mas também a expansão das formas de utilização de meios técnicos especiais, bem como a possibilidade de participação dessas pessoas em actividades laborais e a criação de condições adicionais que aumentem o nível do seu desenvolvimento cultural.

Fundamentos psicofisiológicos da tiflotécnica

A Tiflotécnica baseia-se nas disposições geralmente aceites da psicologia, da pedagogia e da fisiologia humana, tem em conta as recomendações que se relacionam com muitas secções da medicina e utiliza também as leis da ótica, da acústica, da automação e tecnologia electrónicas, da teoria da informação e da cibernética.

A tiflotécnica ajuda a restaurar as funções visuais perdidas através da utilização de dispositivos técnicos especiais e de dispositivos auxiliares. Ajuda a eliminar a rigidez, apoia e desenvolve as necessidades motoras naturais de uma pessoa com visão limitada, contribui para o seu desenvolvimento integral numa base de igualdade com as outras pessoas.

Existem vários dispositivos e tecnologias concebidos para ajudar os cegos e os deficientes auditivos a interagir mais eficazmente com o mundo que os rodeia:

Equipamento para cegos e deficientes visuais:

1. Ecrãs Braille: Dispositivos que convertem o texto no ecrã de um computador ou telefone em Braille para que as pessoas cegas possam ler a informação.

2. Leitores de ecrã: Software que lê em voz alta o texto e outros elementos no ecrã de um computador, telemóvel ou tablet.

3. Leitores ópticos de caracteres (OCR): Software e dispositivos que digitalizam texto impresso e o convertem em voz ou Braille.

4. Óculos inteligentes e dispositivos de realidade aumentada: Tecnologias que ajudam as pessoas cegas ou com deficiência visual a navegar no espaço e a reconhecer objectos e pessoas.

5. Ecrãs e mapas tácteis: Equipamento que converte a informação visual em tátil, como os mapas em relevo.

6. Dispositivos de deteção de cor e luz: Estes dispositivos ajudam os invisuais a distinguir as cores e a determinar o nível de luz.

Equipamentos para deficientes auditivos e surdos:

1. **Aparelhos auditivos**: Dispositivos que amplificam os sons e ajudam as pessoas com deficiência auditiva a ouvir melhor a fala e outros sons.

2. **Implantes cocleares**: Dispositivos médicos que estimulam diretamente o nervo auditivo, contornando partes danificadas do ouvido e permitindo a audição.

3. **Sistemas de laço auditivo (laço de indução)**: Tecnologia que transmite o som diretamente para o aparelho auditivo através de um campo eletromagnético, minimizando o ruído de fundo.

4. **Telefones de texto (TTY)**: Dispositivos que permitem às pessoas surdas comunicar através de mensagens de texto através de uma linha telefónica.

5. **Videofones com linguagem gestual**: Dispositivos que permitem às pessoas surdas comunicar através de videochamadas e intérpretes de língua gestual.

6. **Notificações e alertas de texto**: Por exemplo, luzes e vibrações para avisar de campainhas, campainhas, alarmes e outros eventos.

Estas tecnologias e dispositivos melhoram significativamente a qualidade de vida das pessoas com deficiências visuais e auditivas, ajudando-as a serem mais independentes e integradas na sociedade.

O cientista e inventor cazaque Galimzhan Gabdreshov desenvolveu o Sezual (do cazaque sezu significa sentir, al - obter), um dispositivo para ajudar as pessoas com cegueira que tem o potencial de ser verdadeiramente revolucionário. O Sezual devolve a "visão" às pessoas com deficiência visual utilizando a ecolocalização que lhes permite construir uma imagem 3D dos objectos circundantes nas suas mentes. O enorme potencial do projeto já atraiu a atenção de muitos fundos de risco, cientistas e até da Microsoft.

O cérebro humano é um órgão incrível, e a Sezual encontrou uma forma de ativar as suas partes ocultas para ajudar as pessoas com deficiências visuais. As pessoas com cegueira de nascença, em particular, desenvolvem os seus outros sentidos, como a audição e o olfato, e têm uma compreensão diferente do espaço. O princípio de funcionamento do Sezual baseia-se na ecolocalização. O dispositivo envia uma onda sonora que viaja de volta para o utilizador à medida que atinge os objectos circundantes. Com base nela, as pessoas com cegueira podem identificar a forma, a essência e a distância de um objeto em relação a elas.

Outra invenção, a Zuzu Locomotion, permite restaurar a coluna vertebral de uma pessoa após várias doenças. A tecnologia não requer intervenção cirúrgica ou métodos de tratamento conservadores.

A equipa recebe pedidos de transferência de tecnologia de outros países. Escolas especiais para crianças cegas no Texas e em Massachusetts, nos Estados Unidos, estão interessadas nos seus desenvolvimentos. Receberam também um pedido da África do Sul para o fornecimento de guias de auto-estudo em Braille e de biolocalizadores.

PARTE II

Investigação preliminar do dispositivo SEZUAL para identificação básica de materiais e navegação espacial simples para pessoas cegas e com deficiência visual

Galimzhan Gabdreshov, Daulet Magzymov e Nurbek Yensebayev

RESUMO

Objetivo: apresentamos um conjunto preliminar de estudos experimentais que demonstram a capacidade de ecolocalização auxiliada por um dispositivo em indivíduos cegos e deficientes visuais. O dispositivo proposto emite um som semelhante a um clique no espaço circundante e o som de retorno é percepcionado pelos participantes para inferir o ambiente circundante.

Materiais e métodos: foram organizadas duas séries de experiências para avaliar as capacidades de ecolocalização de nove participantes cegos. A primeira configuração foi concebida para identificar quatro tipos de materiais com base nas propriedades de reflexão do som de materiais como o vidro, o metal, a madeira e a cerâmica. A segunda configuração consistia em navegar num labirinto básico com o dispositivo.

Resultados: os dados experimentais demonstram que a utilização do dispositivo proposto permite a capacidade de ecolocalização ativa em participantes cegos, nomeadamente para a identificação de materiais e a mobilidade espacial.

Conclusão: o dispositivo proposto pode ser potencialmente utilizado para reabilitar pessoas cegas e deficientes visuais em termos de mobilidade espacial e orientação.

Introdução

Os deficientes visuais são pessoas com deficiência. Atualmente, existem 2,2 mil milhões de pessoas com deficiências visuais em todo o mundo [1]. É por isso que a questão da reabilitação das pessoas cegas e com deficiência visual, bem como a terapia para as perturbações da visão, é de particular relevância para a comunidade científica. Na lista de doenças, as mais perigosas são as que causam deficiência visual e podem levar à cegueira. Estas incluem a degenerescência da mancha amarela relacionada com a idade - 196 milhões de pessoas; o glaucoma - 64 milhões de pessoas; as infecções gonocócicas; as cataratas; o tracoma ativo e outras [1]. Com um grande número de casos clínicos de lesões dos órgãos da visão e das áreas cerebrais responsáveis pela receção e processamento da informação sensorial, existe a necessidade de repor as funções prejudicadas em consequência da patogénese. Não há razão para esperar que o número de doenças acima enumeradas deixe de se propagar ou diminua. É por isso que a criação de uma solução tecnológica para a mobilidade e a função de orientação espacial das pessoas cegas e com deficiência visual é uma tarefa prioritária neste domínio de investigação.

Uma das opções para reabilitar indivíduos cegos em termos de mobilidade espacial e orientação é a ecolocalização. O extenso corpo de investigação tem demonstrado que os seres humanos são capazes de utilizar a capacidade de ecolocalização para avaliar a posição, tamanho, distância, forma e muito mais [2-6]. A suposição sobre a presença de tais capacidades numa pessoa surgiu como resultado de uma investigação de longo prazo que provou o facto da utilização de ondas sonoras reflectidas para a perceção de objectos no ambiente. Para além disso, alguns indivíduos cegos demonstraram capacidades de ecolocalização utilizando sons de clique produzidos pela língua [7,8]. No entanto, estes métodos requerem um treino extensivo, e os indivíduos precisam de produzir som e processar as assinaturas de som reflectidas ao mesmo tempo. Os investigadores no domínio da neurociência explicaram os mecanismos subjacentes às capacidades de ecolocalização humanas.

Sabe-se que algumas pessoas podem utilizar a capacidade de ecolocalização sem dispositivos adicionais. Foi demonstrado que os especialistas em ecolocalização usam o clique da boca para produzir som e depois o som refletido é interpretado para identificar tipos de materiais [9]. Despres et al. [10] demonstraram que os indivíduos cegos utilizam mais eficazmente as pistas auditivas para se localizarem do que os inquiridos com visão. Kupers et al. [11] sugerem que áreas específicas do cérebro, tais como o parahipocampo e o córtex visual, são activadas em indivíduos cegos para tarefas de orientação espacial. Normalmente, essas áreas cerebrais são activadas em indivíduos com visão para a orientação espacial com visão. Esta sugestão implica que as áreas cerebrais tipicamente activadas para o processamento de informação visual em indivíduos com visão continuam a ser activadas num indivíduo cego, mesmo na ausência de visão. Thaler et al. [12] também confirmaram que uma determinada região do cérebro está envolvida no processamento auditivo de especialistas cegos em ecolocalização, enquanto que a atividade dessa região do cérebro está normalmente associada ao processamento de informação visual em pessoas com visão. O córtex entorrinal e a estrutura hipocampal do cérebro são especialmente importantes na orientação espacial [13], que é inerentemente uma parte da ecolocalização. Experiências realizadas em animais e observações de indivíduos após traumas e intervenções cirúrgicas mostraram que, quando o hipocampo era removido, a capacidade de reconhecer estímulos do ambiente sofria tanto em animais como em humanos [14]. Em contrapartida, quando se implantaram eléctrodos nos neurónios do hipocampo dos animais, observaram-se padrões de comportamento espacial, nomeadamente, o neurónio monitorizado permanecia em repouso até o animal se encontrar num determinado local, previamente familiar. Assim que o animal passava por esse local, o neurónio era novamente silenciado. Assim, concluiu-se que alguns neurónios do hipocampo só são activados quando o animal chega a uma determinada área de terreno familiar. Isto permitiu aos investigadores propor que os neurónios do hipocampo estão ativamente envolvidos na formação de um "mapa espacial" do mundo que os rodeia [15]. Além disso, o processamento da informação sensorial que leva à perceção e memorização das coordenadas espaciais está concentrado no córtex parietal posterior e contribui para a extração de sinais visuais, auditivos e somatossensoriais de várias entradas sensoriais [16-20]. Aqui, são combinados com informação propriocetiva e traduzidos entre sistemas de referência egocêntricos centrados em diferentes partes do corpo (por exemplo, globo ocular, cabeça ou mão) para proporcionar o planeamento do movimento no ambiente.

Foram feitos progressos significativos no estudo e validação das capacidades de ecolocalização em seres humanos, bem como na explicação dos fenómenos numa perspetiva neurológica. Além disso, as tecnologias de assistência e os instrumentos de reabilitação para os deficientes visuais e os cegos têm avançado nos últimos anos. No entanto, os produtos propostos na literatura ainda não se generalizaram devido ao seu mau manuseamento, ao custo elevado e ao longo processo de aprendizagem para utilizar cada tecnologia recentemente desenvolvida. Por exemplo, o sistema de hardware e equipamento de navegação proposto por Ramarethinam et al. [21] é composto por mais de cinco dispositivos que recebem, enviam e processam sinais. Além disso, para utilizar esta configuração são necessários três programas de computador e servidores livres, que devem ser constantemente monitorizados. Outros exemplos seriam os projectos propostos por Sanz [22], que, apesar da aparente simplicidade da utilização de ferramentas comuns para os deficientes visuais, envolvem complexos de hardware e software com pacotes de software comerciais. Do mesmo modo, os investigadores propuseram a utilização de aprendizagem automática para identificar escadas [23], capacetes para a deteção de obstáculos [24] e notificar o utilizador com avisos. Rahman et al. [25] propuseram um complemento para um sapato para avaliar o ambiente circundante com uma câmara e um sistema de notificação do utilizador. Foram propostos sistemas com uma série de sensores de proximidade e giroscópicos para deteção de obstáculos e notificação de quedas [26].

Embora elegantes, estas soluções dependem fortemente do hardware da câmara/sensor, da precisão do processamento dos dados de entrada e de muitos modos de comunicação a manter entre os componentes de hardware. Chebat et al. [27] propuseram a utilização de um sistema de substituição visual-tátil lingual que converte o sinal da câmara em impulsos eléctricos na matriz que é colocada na língua. No entanto, o método baseia-se no contraste de iluminação entre obstáculos que eram objectos escuros/pretos num ambiente de cor branca que é difícil de garantir num ambiente mais natural.

As soluções tecnológicas complexas são sempre tratadas numa abordagem interdisciplinar. Neste artigo, apresentamos os resultados das experiências com o dispositivo SEZUAL para permitir a perceção áudio do ambiente circundante *através da* ecolocalização. O dispositivo proposto foi concebido para ajudar pessoas cegas a reabilitarem-se em termos de orientação espacial e mobilidade. As capacidades de ecolocalização em indivíduos cegos têm sido estudadas num ambiente controlado há décadas [28]. No entanto, não existe uma solução tecnológica para um dispositivo de geração de som consistente que permita a capacidade de ecolocalização em indivíduos cegos. Vale a pena mencionar aqui que os sons de clique produzidos por altifalantes regulares de ruído de fundo não contribuem para as capacidades de ecolocalização em indivíduos cegos. Cotzin e Dallenbach [29] mostraram que o volume do altifalante não contribui para a ecolocalização e identificação de objectos, enquanto que o tom pode permitir a identificação de obstáculos através do eco, mas em condições de frequência muito limitadas. Outras tentativas de construção de dispositivos de ecolocalização utilizam gamas de frequências ultra-sónicas que estão para além do alcance típico da audição humana [30,31]. Estas gamas estão normalmente fora do alcance dos altifalantes normais. Apresentamos resultados preliminares de um dispositivo emissor de som que pode ser potencialmente de interesse para a comunidade de cegos e deficientes visuais. O dispositivo de ecolocalização SEZUAL foi selecionado para o Prémio da Cimeira Mundial das Nações Unidas de 2020 como uma solução digital com um impacto positivo na sociedade [32]. As funções da solução tecnológica SEZUAL apresentada neste documento baseiam-se no princípio da acessibilidade e da facilidade de utilização. A principal vantagem da configuração proposta em relação às tecnologias existentes é que o instrumento é autónomo, não depende de software e não requer ligação a sistemas de satélite. Começamos por apresentar o dispositivo e os dados demográficos dos participantes neste estudo. Em seguida, apresentamos a metodologia e os resultados de dois conjuntos de experiências realizadas no âmbito deste trabalho. A primeira experiência tem como objetivo identificar tipos de materiais utilizando as capacidades de ecolocalização que são permitidas pelo dispositivo. A segunda experiência centra-se na passagem por um labirinto básico com a ajuda do dispositivo. De seguida, apresentamos as principais conclusões do artigo.

Metodologia

Descrição do dispositivo SEZUAL

O objetivo do complexo hardware-metodológico SEZUAL é ajudar os indivíduos cegos e deficientes visuais a ganhar (ou restaurar) a mobilidade espacial e a orientação. O dispositivo SEZUAL actua como fonte emissora de uma gama pneumoacústica de ondas sonoras (em simultâneo), que são depois reflectidas no indivíduo anfitrião a partir dos objectos e do ambiente circundantes. Cada material tem as suas próprias qualidades de reflexão do som, como o vidro, a madeira, o metal, etc. [33,34]. Neste documento, utilizamos a ecolocalização como um termo geral para a mobilidade e orientação espacial que se tornam possíveis devido à reflexão do som do ambiente circundante. O princípio de funcionamento dos dispositivos SEZUAL difere completamente do entendimento típico dos dispositivos de ecolocalização utilizados, por exemplo, em sistemas de estacionamento assistido, em que a intensidade do sinal sonoro aumenta com a aproximação de obstáculos. Em particular, o dispositivo SEZUAL baseia-se na perceção auditiva dos materiais. A perceção auditiva baseia-se na interação dos materiais circundantes com o som emitido pelo dispositivo. A novidade do dispositivo apresentado neste artigo reside na membrana de compressão especial que produz uma vasta gama de impulsos pneumo-acústicos, ao passo que os altifalantes normais só podem produzir sons em ondas sonoras específicas num determinado momento, e não numa vasta gama.

Em funcionamento, o desempenho do dispositivo é muito robusto, porque a principal função do dispositivo é emitir o som pré-configurado que é adequado para a ecolocalização. Queremos sublinhar aqui que o som dos altifalantes normais não produz um som compatível com a ecolocalização. O som de um altifalante normal cria uma vibração pós-som que não permite a ecolocalização. Por outro lado, o som produzido pelo dispositivo SEZUAL baseia-se na compressão em vez da vibração, pelo que o som é capaz de refletir a partir das superfícies nas imediações sem vibrações residuais ou ruídos causados pelos altifalantes normais. A gama de sons pneumo-acústicos baseados na compressão é gerada pelo dispositivo SEZUAL de acordo com as seguintes caraterísticas 1) a amplitude (loudness) do som do altifalante é superior a 0,00002Pa (limiar de audibilidade); 2) as vibrações são geradas aproximadamente no período de 1/100s; 3) sons semelhantes a estalidos de alta frequência. A gama pneumo-acústica das ondas sonoras produzidas pelo aparelho não pode ser criada por altifalantes normais. Por outras palavras, não é possível obter um facilitador de ecolocalização utilizando simplesmente altifalantes digitais com som de clique.

Mais pormenores sobre o dispositivo SEZUAL podem ser encontrados em [35]. O aspeto físico do dispositivo SEZUAL é apresentado na Figura 1. O dispositivo passa por actualizações tecnológicas e de design com base no feedback dos testadores cegos. Com base no feedback partilhado dos testadores cegos do instrumento, actualizámos o design da primeira geração para o design da segunda geração, ver Fig. 1a e 1b. Implementámos especificamente os contributos dos testadores cegos para que o dispositivo possa ser integrado nas comunidades de indivíduos cegos, se necessário.

O dispositivo é um sistema em tempo real em que o som é emitido pelo dispositivo a uma frequência especificada, neste caso, 100Hz, e o utilizador ouve o som refletido a partir do ambiente. Vale a pena mencionar que o dispositivo em si não efectua o processamento do sinal, o dispositivo emite o som de origem. O utilizador recebe as assinaturas sonoras reflectidas do meio envolvente e o sinal é processado neurologicamente para perceber e compreender as reflexões sonoras. O protótipo do dispositivo funciona com uma bateria recarregável de 2,5 mAh. A bateria é suficiente para 12h de utilização ininterrupta com um único carregamento. Com uma utilização casual de cerca de 6-7h por dia, um único carregamento é suficiente para cerca de 2 dias.

Configuração experimental

Esta secção descreve a metodologia de duas experiências principais realizadas com os dispositivos SEZUAL. A primeira experiência tem como objetivo desenvolver a capacidade de distinguir materiais à frente de participantes cegos, incluindo vidro, metal, cerâmica e madeira. O segundo conjunto de experiências tem como objetivo navegar através de um labirinto básico com um número mínimo de encontros com obstáculos.

Experiência 1. Determinação do tipo de material físico utilizando o dispositivo SEZUAL

Cada participante recebeu um dispositivo SEZUAL e um tipo de material para se familiarizar com as propriedades de reflexão do som. Selecionámos um total de quatro tipos de materiais com propriedades de reflexão sonora distintas: vidro, cerâmica, metal e madeira. Os diferentes materiais interagem de forma diferente com as ondas sonoras pneumo-acústicas produzidas pelo aparelho. Por conseguinte, os participantes associam cada tipo de material a uma resposta sonora reflectida específica e a assinaturas de perceção auditiva. Estes quatro materiais foram escolhidos porque são abundantes em ambientes típicos do meio urbano, tais como o vidro para janelas, o metal e a madeira para portas e mobiliário, e a cerâmica para loiça e utensílios de cozinha. Não foi imposto qualquer limite de tempo para que os participantes se familiarizassem com cada material. A etapa de familiarização com cada material foi considerada concluída quando os participantes confirmaram que já se sentiam à vontade para distinguir o som reflexivo do material estudado. O tempo típico de familiarização para um material foi de aproximadamente 15-20 minutos.

Depois de os participantes se terem familiarizado com um tipo de material, foi-lhes oferecido um novo material para desenvolverem uma nova associação com o próximo material desconhecido durante mais 15-20 minutos. É importante notar que os materiais previamente estudados estavam à disposição dos participantes para que se pudessem familiarizar com o novo material e, ao mesmo tempo, comparar e contrastar o novo material com o previamente estudado para desenvolver um sentido de distinção. Como mencionado anteriormente, a distinção entre materiais é possível devido às diferentes propriedades de reflexão do som de cada material, por exemplo, metal e vidro. Todos os materiais têm aproximadamente o mesmo tamanho e forma semelhante: vidro transparente, 40x40cm e 1cm de espessura; placa de cerâmica de 25 cm de diâmetro e 1cm de espessura; painel de compensado de 40x40cm e 1cm de espessura; placa de metal medindo 40x40cm e 1cm de espessura. Neste trabalho, optámos por realizar experiências de identificação de materiais a uma distância fixa de cerca de 1 m. A distância fixa foi escolhida para a identificação de materiais para nos concentrarmos num único aspeto da ecolocalização - a identificação de materiais - em vez de testarmos vários aspectos, como a variação simultânea de materiais e de distância.

Após a conclusão do processo de treino, foi pedido a cada participante que identificasse um determinado material de entre os materiais estudados apresentados aleatoriamente (ver Figura 2). As amostras de material foram colocadas nos quatro cantos de uma moldura de suporte. A moldura foi rodada aleatoriamente e parou numa amostra de material aleatória. O participante nomeava o material que acreditava estar à sua frente com base num estudo anterior do par material-associação utilizando o dispositivo SEZUAL. Por exemplo, foi pedido aos participantes que identificassem o vidro e depois foi-lhes mostrado aleatoriamente madeira, metal, vidro e cerâmica. Os materiais foram apresentados aleatoriamente e cada material, por exemplo, o vidro, foi apresentado 10 vezes. Medimos a precisão em termos de respostas corretas para cada material.

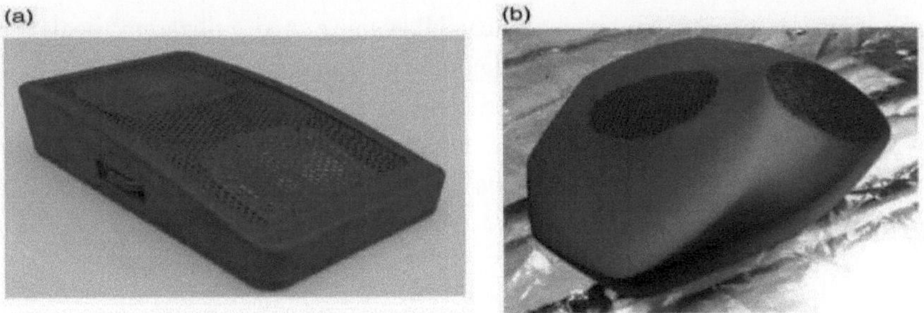

Figura 1. Dispositivo físico SEZUAL: (a) primeira geração, (b) segunda geração.

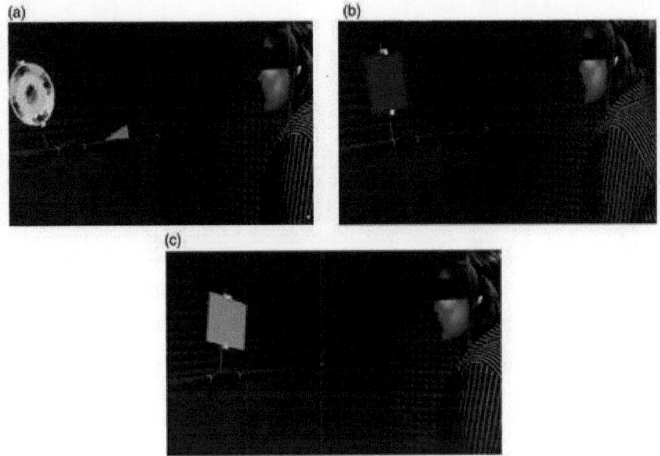

Figura 2. Determinação das propriedades físicas do material do objeto com o dispositivo SEZUAL: (a) cerâmica, (b) metal, (c) madeira.

Experiência 2. Navegar num labirinto básico

Os participantes foram treinados para identificar obstáculos que se aproximam enquanto caminham e utilizam os dispositivos SEZUAL. O princípio de funcionamento é o mesmo: o dispositivo SEZUAL emite um som de clique que é refletido pelos objectos e obstáculos circundantes, tais como paredes, aberturas de portas e janelas. Todos os inquiridos foram familiarizados antecipadamente com os procedimentos de segurança, tendo sido avisados de que seriam acompanhados por um instrutor que garantiria a sua segurança durante a passagem pelo labirinto. Todos os inquiridos foram treinados durante cerca de uma semana para navegar no espaço desconhecido utilizando o dispositivo. O treino foi considerado bem sucedido quando os participantes foram capazes de identificar os obstáculos à sua frente a uma distância de cerca de 50 cm a 1 m enquanto caminhavam. É importante referir aqui que os participantes apenas utilizaram o dispositivo enquanto caminhavam e não utilizaram qualquer bengala para navegar no espaço. A Figura 3 apresenta um diagrama do labirinto básico no edifício. O objetivo dos participantes era sair da sala de reuniões por uma porta, passar pelos corredores e entrar na sala de reuniões pela segunda porta. A Figura 4 mostra o exemplo da tentativa de um participante de passar o labirinto básico.

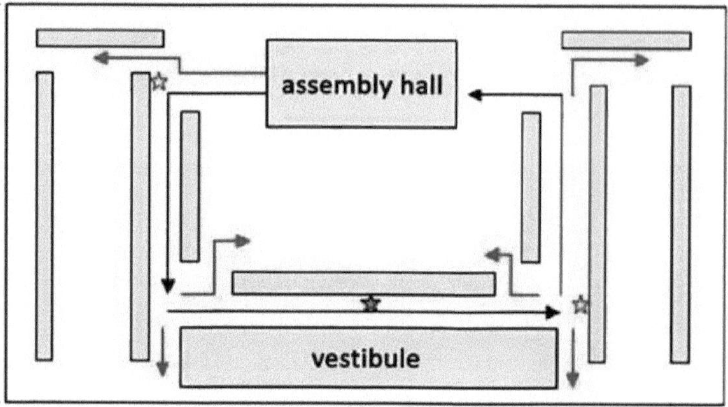

Figura 3. Esquema do labirinto básico. Marcações no diagrama: setas vermelhas - passagens falsas; setas pretas - o caminho correto; estrelas vermelhas - obstáculos nas paredes; estrela verde - obstáculo sob a forma de um objeto grande situado no caminho; rectângulos amarelos - paredes e divisórias do edifício.

Participantes do estudo e dados demográficos

Para as experiências realizadas com o dispositivo SEZUAL neste trabalho, contámos com nove participantes cegos. Todos os inquiridos selecionados para a experiência não tinham quaisquer outros problemas de saúde fisiológicos, neurológicos, psicológicos, auditivos ou relacionados com a idade. Os detalhes dos participantes cegos e os dados demográficos são apresentados na Tabela 1. A maioria dos participantes não tem visão residual e é cega há 4 anos ou mais. Três participantes são cegos de nascença. O grupo não foi dividido em subcategorias de cegueira de início precoce ou tardio devido ao pequeno grupo de amostragem. Nenhum dos participantes teve formação explícita anterior em ecolocalização. Os participantes estão a usar o dispositivo em ambas as experiências que são discutidas acima.

Resultados e discussão

Esta secção descreve os resultados de duas experiências principais realizadas com um dispositivo SEZUAL. A primeira experiência tinha como objetivo desenvolver a capacidade de distinguir materiais à frente de participantes cegos, incluindo vidro, metal, cerâmica e madeira. O segundo conjunto de experiências tem como objetivo navegar através de um labirinto básico com um número mínimo de encontros com obstáculos. Nas secções seguintes, são apresentados mais pormenores. Os resultados da identificação de materiais da Experiência 1 são apresentados na Figura 5. Testamos a hipótese inicial H0: o dispositivo não ajuda na identificação do material, de modo que as hipóteses de selecionar o material correto de entre quatro opções são iguais a 25%. A hipótese alternativa seria H1: o dispositivo ajuda a identificar o material de modo a que a taxa de sucesso seja superior a 25%. Com base nos resultados, os participantes foram capazes de identificar os materiais com uma precisão relativamente elevada, de cerca de 90%, após uma exposição muito curta ao dispositivo, cerca de 1 dia.

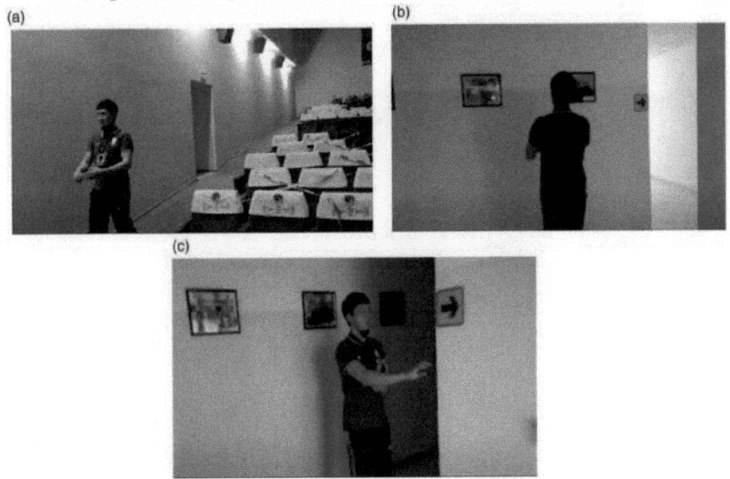

Figura 4. Passagem do labirinto básico por um dos participantes utilizando o dispositivo SEZUAL.

Tabela 1. Informações e dados demográficos dos participantes cegos na experiência.

Género	Idade	Etiologia da cegueira	Residual visão	Idade de início
Masculino	22	Complicações da diabetes	Nenhum	14
Feminino	35	Descolamento da retina. Não tem globos oculares. Usa próteses oculares	Nenhum	No nascimento
Masculino	58	Queimadura química ocular. Opacidade da córnea	Nenhum	23

Masculino	50	Acidente vascular cerebral	Nenhum	46
Masculino	29	Lesões mecânicas	Nenhum	12
Masculino	38	Glaucoma	Nenhum	24
Masculino	10	Febre reumática aguda	Sensibilidade residual à luz	4
Feminino	36	Crescimento patológico da retina	Nenhum	No nascimento
Feminino	38	Nascimento prematuro, antes das 34 semanas	Nenhum	No nascimento

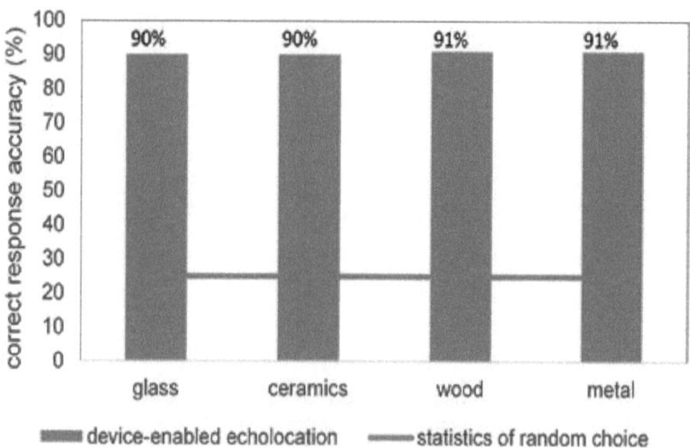

Figura 5. Resultados do teste de identificação do tipo de material, número de respostas corretas
em 90 tentativas (10 tentativas por participante).

A taxa de sucesso estatístico de um palpite aleatório de um material de entre quatro opções possíveis é de 25%. Assim, a exatidão da identificação do material utilizando o dispositivo SEZUAL mostra uma melhoria significativa em relação ao palpite aleatório. A limitação da Experiência 1 é que é impraticável comparar o desempenho com e sem o dispositivo, porque sem o dispositivo nenhum som pode refletir a partir da superfície para efeitos de identificação do material. Também não podemos comparar os resultados com o desempenho do clique com a boca porque a ecolocalização por clique com a boca requer um treino metodológico extensivo. Outra limitação do estudo é o facto de todos os participantes terem algum nível de capacidade de ecolocalização passiva natural que é intuitiva para os indivíduos cegos. Por conseguinte, é difícil isolar exclusivamente as capacidades de ecolocalização induzidas pelo aparelho em relação às capacidades de ecolocalização naturais. No entanto, queremos salientar que a principal contribuição do dispositivo proposto é fornecer um meio sonoro que cria um ambiente consistente para a prática da ecolocalização ativa.

O facto de os seres humanos poderem utilizar a ecolocalização para identificar tipos de materiais já foi referido anteriormente. Os investigadores demonstraram que os peritos cegos em ecolocalização podem identificar os materiais utilizando cliques produzidos pela boca [9]. Os peritos em ecolocalização no estudo identificaram perfeitamente cada material, no entanto, os peritos tinham

décadas de experiência de ecolocalização. Além disso, o treino de ecolocalização baseado em cliques com a boca leva uma quantidade significativa de tempo e nem sempre pode resultar em melhorias visíveis em todos os aspectos da ecolocalização [36]. Neste artigo, apresentamos resultados preliminares de um dispositivo de ecolocalização ativa para indivíduos cegos. O dispositivo permite um ambiente sonoro consistente como meio para praticar a ecolocalização. Foi selecionado para o estudo um subconjunto de quatro materiais que eram significativamente diferentes em termos de propriedades de reflexão sonora. É possível que, se tivesse sido disponibilizada uma gama maior de materiais, a taxa de exatidão tivesse sido inferior. Trata-se de uma limitação do estudo e são necessárias mais investigações para avaliar a identificação de materiais a partir de uma gama mais vasta de materiais com propriedades de reflexão sonora semelhantes.

Sugerimos que a ecolocalização auxiliada por dispositivos pode ajudar os indivíduos cegos a percecionar o ambiente quando utilizada em conjunto com a ecolocalização baseada no clique da boca. Além disso, a ecolocalização assistida por dispositivos pode ser particularmente útil para pessoas que são relativamente novas na ecolocalização. A ecolocalização assistida por dispositivos pode ter algumas vantagens em relação à abordagem baseada apenas no clique com a boca. Em primeiro lugar, a ecolocalização auxiliada por um dispositivo permite que os utilizadores cegos se concentrem no processamento do som de retorno do ambiente, em comparação com a tentativa simultânea de produzir um clique com a boca e processar o som de retorno. Em segundo lugar, a produção de som com o auxílio de um dispositivo é mais consistente e permite filtrar o som emitido e concentrar-se mais nos sons recebidos, ao passo que cada clique com a boca tem de ser executado individualmente, pelo que garantir a consistência do som emitido é mais difícil. Assim, acreditamos que a ecolocalização através de um dispositivo é mais conveniente para aprender, porque os alunos podem concentrar-se na receção e no processamento do som, em vez de aprenderem a produzir e a processar o som ao mesmo tempo. Além disso, a consistência do som emitido pelo dispositivo ajuda a distinguir os padrões de reflexão de uma forma mais controlada. No entanto, são necessárias mais análises experimentais em estudos futuros para avaliar o acoplamento dos métodos de ecolocalização baseados no clique com a boca e no dispositivo. Neste artigo, centrámo-nos numa abordagem baseada num dispositivo.

Com a ajuda do dispositivo, os participantes aprendem a processar os padrões de reflexão sonora para reconhecer o espaço e a posição espacial dos objectos. Diferentes objectos correspondem a diferentes assinaturas de reflexão acústica. Os participantes aprendem a interpretar os padrões de reflexão do som e a associar esses padrões às caraterísticas dos objectos à sua frente, tais como tipos de materiais, obstáculos, áreas de abertura à sua frente e factores de forma dos objectos. A Figura 6 mostra os resultados da experiência 2 de navegação básica no labirinto. Os resultados são medidos como o número de obstáculos encontrados no caminho para atravessar o labirinto básico por todos os participantes. O objetivo era passar o labirinto com um número mínimo de encontros com obstáculos, ou seja, quanto menor o número de encontros, melhor. Como se pode ver na figura, à medida que o número de dias (tentativas) aumentava, a taxa global de encontro de obstáculos diminuía. Em particular, no dia 7, nenhum dos participantes foi contra os obstáculos. A tendência de melhoria ao longo do tempo é explicada pelo duplo efeito de familiarização com o dispositivo, bem como pela aprendizagem do percurso através do labirinto. Nesta experiência, o objetivo não era construir um labirinto difícil de percorrer, mas sim avaliar as capacidades de ecolocalização dos participantes cegos com o auxílio do dispositivo. Há um argumento de que os participantes se familiarizaram mais com o dispositivo com mais tentativas, bem como se familiarizaram e memorizaram o ambiente. Por conseguinte, a natureza dupla da ecolocalização activada pelo dispositivo e da memorização do labirinto é uma limitação da Experiência 2. No entanto, este resultado continua a ser um resultado aceitável do teste do dispositivo, porque implica que as capacidades de ecolocalização activadas pelo dispositivo estão a ajudar os participantes a familiarizarem-se e a memorizarem o ambiente circundante e, eventualmente, a ajudarem a evitar quaisquer obstáculos encontrados. A observação é extensível para permitir que os indivíduos cegos se sintam mais confortáveis em espaços desconhecidos e conhecidos com a ajuda do dispositivo, tais como casas, escritórios e parques. Acreditamos que qualquer melhoria incremental na qualidade de vida dos invisuais ajuda a enriquecer um ambiente inclusivo e acessível.

Como foi demonstrado acima, o dispositivo ajuda a permitir a ecolocalização em utilizadores cegos principiantes. O dispositivo tem vantagens notáveis, como o funcionamento autónomo offline, o tamanho reduzido, a facilidade de utilização e a interação intuitiva entre o homem e o dispositivo. O dispositivo também tem limitações, como um som de clique percetível para as pessoas que o rodeiam. Esta limitação pode ser resolvida reduzindo o volume dos estalidos; no entanto, existe uma limitação física do volume mínimo, porque é necessário manter um determinado volume mínimo dos estalidos para receber o reflexo do som das pessoas em redor. Outra limitação é o facto de o dispositivo não ser resistente à água, pelo que a sua utilização no exterior pode ser limitada. O design atual pode ser melhorado para ser resistente à água e ao pó, se necessário. A principal limitação do aparelho é o facto de o aparelho em si não proporcionar ou garantir automaticamente capacidades de ecolocalização. O processamento do sinal e as capacidades de ecolocalização ocorrem no cérebro do utilizador individual, pelo que cada indivíduo perceberá intuitivamente o que o rodeia com o dispositivo. Assim, para que a ecolocalização assistida por dispositivos seja totalmente possível, é necessário aprender a reconhecer padrões e a interpretar as assinaturas sonoras reflectidas. No entanto, mesmo com uma pequena introdução ao dispositivo, na ordem dos dias e semanas, os utilizadores podem realizar tarefas básicas de ecolocalização, como foi demonstrado na secção anterior. Além disso, foi demonstrado que os indivíduos cegos têm uma perceção auditiva naturalmente melhorada do ambiente, tal como a evasão de obstáculos [37], pelo que os indivíduos cegos podem potencialmente aprender a utilizar o dispositivo proposto de forma mais natural. A implementação do dispositivo na vida real para pessoas cegas e com deficiências visuais será sobretudo um programa de formação sistemático. A formação terá de ser dividida em níveis de dificuldade, como o nível básico para a deteção de obstáculos e a identificação de materiais, o nível médio para a identificação de tamanhos e distâncias e o nível avançado para a distinção de tamanhos e formas pequenos e a identificação dinâmica de movimentos de objectos. Assim, os protocolos de treino e a metodologia sistemática serão fundamentais para a implementação em larga escala da ecolocalização assistida por dispositivos em indivíduos cegos e deficientes visuais.

De um modo geral, ao longo da progressão de ambas as experiências de identificação de materiais e de navegação no labirinto, os participantes aprenderam a orientar-se no espaço e adquiriram parcialmente mobilidade independente no âmbito deste trabalho. Além disso, a experiência de identificação de materiais complementou a experiência do labirinto neste estudo. A capacidade de identificar os materiais circundantes ajudou a orientar os participantes no labirinto básico do edifício, porque os objectos circundantes serviram de pontos de referência para navegar no labirinto. O dispositivo

SEZUAL serviu como uma ferramenta útil para ativar as capacidades de ecolocalização dos participantes cegos. Vale a pena referir aqui que a capacidade de ecolocalização nos seres humanos é um assunto bem estudado, como foi mencionado na secção de introdução.

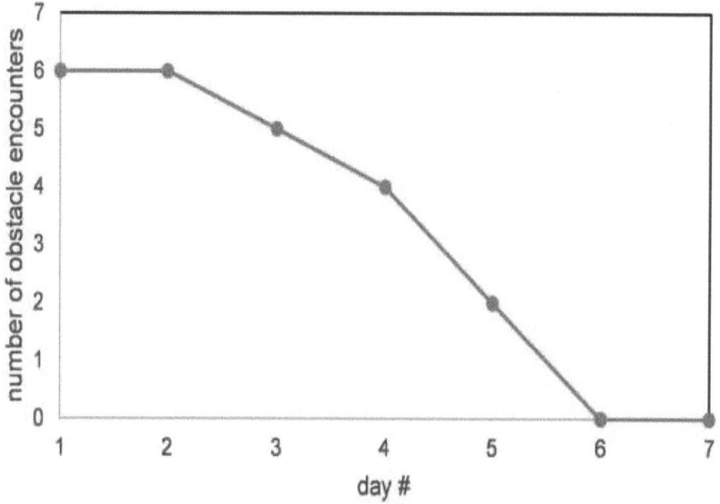

Figura 6. Número de obstáculos encontrados por nove participantes durante a formação.

A capacidade de ecolocalização desenvolve-se simultaneamente através do treino e da ativação assistida por dispositivos. Neste artigo, pretendemos demonstrar o dispositivo SEZUAL de tecnologia de assistência que ajuda a ativar as capacidades de ecolocalização nos cegos para a mobilidade e orientação espacial e que pode servir como um dispositivo de reforço em iterações futuras. No entanto, o desenvolvimento bem sucedido de uma experiência completa de ecolocalização requer protocolos de treino rigorosos. Este artigo apresenta os resultados preliminares de um dispositivo de ecolocalização. Em investigação futura, pretendemos investigar mais aprofundadamente os protocolos de aprendizagem e desenvolver uma estrutura metodológica sobre a ativação e melhoria da ecolocalização. Este artigo centrou-se na apresentação de resultados preliminares que têm o potencial de melhorar a qualidade de vida de indivíduos cegos e deficientes visuais, particularmente em termos de mobilidade espacial independente e orientação. Em estudos futuros, as experiências serão concebidas num contexto de tempo controlado, os participantes serão separados com base na idade de início precoce ou tardio da cegueira, o labirinto será atualizado dinamicamente e as experiências serão realizadas na presença e ausência de ruído de fundo. A capacidade de ecolocalização pode ser particularmente afetada pela cegueira precoce ou tardia dos indivíduos [38,39], pelo que esta direção de investigação futura pode ser estudada com mais detalhe. Além disso, o tandem dispositivo-cana ou dispositivo-cana-cão-guia também pode ser uma direção promissora.

No entanto, queremos sublinhar que o objetivo deste estudo é mostrar que a ativação da ecolocalização auxiliada por dispositivos pode ser uma opção promissora para reabilitar indivíduos cegos e deficientes visuais em termos de mobilidade e navegação espacial.

Conclusão

Apresentámos um dispositivo de assistência que permite a ecolocalização e que tem como objetivo ajudar a reabilitar indivíduos cegos e deficientes visuais em termos de mobilidade e orientação espacial. O dispositivo de assistência SEZUAL baseia-se no princípio da ecolocalização que utiliza uma gama de ondas sonoras pneumo-acústicas emitidas simultaneamente. Uma gama tão ampla de ondas sonoras é essencial para a ecolocalização de pessoas cegas e deficientes visuais e não pode ser produzida por altifalantes sonoros normais. Um período de treino relativamente curto faz do dispositivo SEZUAL uma ferramenta útil para reabilitar pessoas cegas em termos de orientação espacial e mobilidade. É importante notar que a aplicação prática é possível não só para pessoas cegas ou com deficiência visual, mas também para especialistas com visão que trabalham em condições de emergência. Trata-se, em primeiro lugar, de bombeiros, trabalhadores dos serviços de emergência, submarinistas, agentes da lei e militares, cuja especialização inclui a chamada "orientação para cegos". Outras investigações e experiências com o dispositivo SEZUAL terão como objetivo alcançar a eficiência do treino, reduzindo o período de treino e aumentando a precisão em vários cenários, incluindo o ambiente natural.

Referências

[1] OMS. Relatório mundial sobre a visão. World Heal Organ. 2019; 214:1-160. https://www.who.int/publications/i/item/9789241516570

[2] Kolarik AJ, Cirstea S, Pardhan S, et al. Um resumo da investigação sobre as capacidades de ecolocalização de humanos cegos e com visão. Hear Res. 2014; 310:60-68.

[3] Thaler L, Goodale MA. A ecolocalização em humanos: uma visão geral. Wiley Interdiscip Rev Cogn Sci. 2016;7(6):382-393.

[4] Schenkman BN, Nilsson ME. Ecolocalização humana: capacidade das pessoas cegas e com visão para detetar sons gravados na presença de um objeto refletor. Perception. 2010;39(4): 483-501. [citado 2022 Jan 19]

[5] Stoffregen TA, Pittenger JB. A ecolocalização humana como forma básica de perceção e ação. Ecol Psychol. 1995; 7:181- 216.

[6] Rice CE. Human echo perception. Science. 1967; 155:656- 664.

[7] Thaler L, Reich GM, Zhang X, et al. Cliques na boca utilizados por ecolocadores humanos especialistas cegos - descrição do sinal e síntese de sinal baseada em modelos. PLoS Comput Biol. 2017; 13(8): e1005670.

[8] Thaler L, De Vos HPJC, Kish D, et al. Ecolocalização humana da distância baseada no clique: acuidade superfina e comportamento dinâmico do clique. J Assoc Res Otolaryngol. 2019; 20:499- 510.

[9] Milne JL, Arnott SR, Kish D, et al. O córtex parahipocampal está envolvido no processamento de materiais através de ecos em especialistas cegos em ecolocalização. Vision Res. 2015; 109:139-148. [10] Despres O, Boudard D, Candas V, et al. Autolocalização aprimorada por pistas auditivas em humanos cegos. Disabil Rehabil. 2009; 27:753-759.

[11] Kupers R, Chebat DR, Madsen KH, et al. Correlatos neurais do reconhecimento de rotas virtuais na cegueira congénita. Proc Natl Acad Sci U S A. 2010;107(28):12716-12721.

[12] Thaler L, Arnott SR, Goodale MA. Neural correlates of natural human echolocation in early and late blind echolocation experts. PLoS One. 2011; 6(5):e20162.

[13] Bird CM, Burgess N. The hippocampus and memory: insights from spatial processing. Nat Rev Neurosci. 2008; 9(3):182-194.

[14] Witgen BM, Lifshitz J, Smith ML, et al. Regional hippocampal alteration associated with cognitive deficit following experimental brain injury: systems, network and cellular evaluation. Neuroscience. 2005;133(1):1-15.

[15] Epstein RA, Patai EZ, Julian JB, et al. The cognitive map in humans: spatial navigation and beyond. Nat Neurosci. 2017; 20(11):1504-1513.

[16] Badde S, Heed T. Towards explaining spatial touch perception: weighted integration of multiple location codes (Para explicar a perceção espacial do tato: integração ponderada de múltiplos códigos de localização). Cogn Neuropsychol. 2016;33(1-2):26-47.

[17] Andersen RA, Snyder LH, Bradley DC, et al. Multimodal representation of space in the posterior parietal cortex and its use in planning movements. Annu Rev Neurosci. 1997;20: 303-330.

[18] Kravitz DJ, Saleem KS, Baker CI, et al. A new neural framework for visuospatial processing. Nat Rev Neurosci. 2011; 12:217-230.

[19] King AJ, Dahmen JC, Keating P, et al. Circuitos neurais subjacentes à adaptação e aprendizagem na perceção do espaço auditivo. Neurosci Biobehav Rev. 2011;35(10):2129-2139.

[20] Salminen NH, Tiitinen H, May PJC. Processamento espacial auditivo no córtex humano. Neuroscientist. 2012;18(6):602- 612.

[21] Ramarethinam K, Thenkumari K, Kalaiselvan P. Sistema de navegação para pessoas cegas usando técnicas de GPS e GSM. Int J Adv Res Electron Instrum Eng. 2014;3(2):398-405.

[22] Revuelta Sanz P. ATAD: tecnologia de assistência para uma deslocação autónoma [internet]. universidad carlos III de Madrid. Departamento De Tecnologia Eletrónica. 2014.

[23] Habib A, Islam MM, Kabir MN, et al. Deteção de escadas para guiar pessoas com deficiência visual: uma abordagem híbrida. Rev D'Intelligence Artif. 2019; 33:327-334.

[24] Islam MM, Sadi MS, Braunl T. Automated walking guide to enhance the mobility of visually impaired people (Guia de marcha automatizado para melhorar a mobilidade de pessoas com deficiência visual). IEEE Trans Med Robot Bionics. 2020; 2:485-496. [25] Rahman M, Islam M-S, Ahmmed S. "BlindShoe": um sistema de orientação eletrónica para pessoas com deficiência visual. J Telecommun Elect Comput Eng. 2019;11(2):49-54.

[26] Rahman MM, Islam MM, Ahmmed S, et al. Deteção de obstáculos e quedas para orientar as pessoas com deficiência visual com monitorização em tempo real. SN Comput Sci. 2020; 1:1-10. [27] Chebat DR, Schneider FC, Kupers R, et al. Navegação com um dispositivo de substituição sensorial em indivíduos congenitamente cegos. Neuroreport. 2011; 22(7):342-347.

[28] DeLong CM, Au WWL, Stamper SA. Caraterísticas do eco utilizadas pelos ouvintes humanos para discriminar objectos que variam em termos de material ou espessura da parede: implicações para os golfinhos ecolocadores. J Acoust Soc Am. 2007;121(1):605-617.

[29] Cotzin M, Dallenbach KM. Facial vision: the role of pitch and loudness in the perception of obstacles by the blind. Am J Psychol. 1950;63(4):485-515.

[30] Sohl-Dickstein J, Teng S, Gaub BM, et al. Um dispositivo para ecolocalização ultra-sónica humana. IEEE Trans Biomed Eng. 2015;62(6):1526-1534.

[31] Ifukube T, Sasaki T, Peng C. Um auxiliar de mobilidade cego modelado a partir da ecolocalização de morcegos. IEEE Trans Biomed Eng. 1991; 38(5):461-465.

[32] Prémio da Cimeira Mundial (WSA) [Internet]. Categoria "Smart Settlements and Urbanization": Sistema de ecolocalização não intrusivo para pessoas com deficiência visual; 2020. [citado 2022 Jan 19]. https://wsa-global.org/wp-content/uploads/2020/12/   WSA-Nominees-2020-smart-settlements-and-urbanisation.

[33] Sagartzazu X, Hervella-Nieto L, Pagalday JM. Revisão em materiais absorventes de som. Arch Comput Methods Eng. 2008; 15:311-342.

[34]   Lemaitre G, Heller LM. A perceção auditiva do material é frágil enquanto a ação é surpreendentemente robusta. J Acoust Soc Am. 2012;131(2):1337-1348.

[35]   Gabdreshov G. Aparelho de ajuda para cegos para a orientação espacial de pessoas que vêem. Genebra, Suíça: Organização Mundial da Propriedade Intelectual; 2020.

[36]   Thaler L, Norman LJ. Nenhum efeito do treinamento de 10 semanas em ecolocalização baseada em cliques na localização auditiva em pessoas cegas. Exp Brain Res. 2021;239(12):3625-3633.

[37]   Kolarik AJ, Scarfe AC, Moore BCJ, et al. Blindness enhances auditory obstacle circumvention: assessing echolocation, sensory substitution, and visualbased navigation. PLoS One. 2017; 12(4):e0175750.

[38]   Kolarik AJ, Pardhan S, Moore BCJ. Uma estrutura para explicar os efeitos da perda visual nas habilidades auditivas humanas. Psychol Rev. 2021;128(5):913-935.

[39]   Voss P. Brain (re)organization following visual loss. Wiley Interdiscip Rev Cogn Sci. 2019; 10(1):e1468.

Conclusões

Os elementos da consciência são as sensações, as ideias e os sentimentos. Todos estes elementos da consciência são reacções bioquímicas. A principal fonte da consciência é um objeto material - o cérebro humano, que também é construído a partir de elementos químicos.

O estudo dos mecanismos moleculares torna-se um passo fundamental para a compreensão da vida, do pensamento e da consciência. Cada molécula tem a sua própria estrutura única, que determina a sua função no organismo. As estruturas e as funções moleculares estão intimamente relacionadas. Alterar a estrutura de uma molécula pode levar a alterações na sua função, o que pode ter consequências graves para o organismo.

A transmissão de sinais ocorre devido à interação de vários iões. Como resultado do processamento de informação, surgem pensamentos e ideias. Um pensamento é formado e armazenado na memória. O processo de pensamento pode ser melhorado através da prática e do treino repetidos, que reforçam as ligações iónicas neurais.

A codificação química da consciência é um processo complexo e multifacetado em que os neurotransmissores, as hormonas e outras substâncias bioquímicas desempenham um papel fundamental. Estas moléculas interagem com várias estruturas do cérebro, criando e modulando sinais que estão na base dos processos cognitivos, da perceção, da memória, das emoções e da consciência em geral.

Os processos neuroquímicos determinam a forma como percepcionamos o mundo à nossa volta, respondemos a estímulos e moldamos o comportamento. Por exemplo, os neurotransmissores como a serotonina, a dopamina, a norepinefrina e a acetilcolina desempenham um papel importante na regulação do humor, da motivação, da atenção e da memória. A interação destas e de outras moléculas cria uma rede complexa que assegura o funcionamento da consciência.

A codificação química da consciência está relacionada com os conceitos de neuroplasticidade e de estados alterados de consciência, por exemplo, sob a influência de substâncias que alteram a mente, como os psicadélicos. Estas substâncias podem alterar significativamente a perceção e os processos cognitivos, alterando o equilíbrio químico no cérebro. Em conclusão, a codificação química da consciência é um aspeto fundamental da compreensão da mente humana. Abre a porta à exploração da forma como os processos bioquímicos podem estar ligados a aspectos fenomenais da consciência e como as alterações nestes processos podem afetar a saúde mental e o comportamento.

Propusemos uma nova teoria química para a codificação e descodificação da consciência.

Apresentámos um dispositivo de assistência que permite a ecolocalização e que tem como objetivo ajudar a reabilitar indivíduos cegos e deficientes visuais em termos de mobilidade e orientação espacial.

Se tiver alguma dúvida, escreva para o correio eletrónico: Yerkin.aibassov@gmail.com.

Referências

[1] Aibassov Yerkin, Aibassova S.M., Aralov A.A., Zamzin N. Methodology of qualitative and quantitative analysis of poisonous agents and means of their detoxification, Almaty, 2009, 172 p.

[2] Aibassov Yerkin, Aibassova S.M., Aralov A.A. Ecologia ambiental: Environmental ecology: Environmental safety in the areas of impact of separating parts of rocket launchers and soil detoxification using "Muhamedzhan-1" catalyst, Almaty, 2010, 210 p.

[3] Aibassov Yerkin, Aibassova S.M., Aralov A.A. Treatment of uranium industry liquid radioactive wastes using modified Chankanai field zeolite, Almaty, 2010, 240 p.

[4] Aibassov Yerkin, Aibassova S.M. Treatment of soil, waste water, and gases from toxic phosphorus using "Muhamedzhan-1" catalyst at the Novodzhambul Phosphorus Plant, Almaty, 2010, 242 p.

[5] Aibassov Yerkin, Aibassova S.M. Applied ecology: treatment of soil, waste water, and gases from toxic contaminants using "Muhamedzhan-1" catalyst, Almaty, 2010, 248 p.

[6] Aibassov Yerkin, Aibassova S.M. Química orgânica e catalisadores de urânio. Catalisadores de tório e urânio. Almaty, 2010, 240 p.

[7] Aibassov Yerkin, Aibassova S.M. Nova reação que envolve a fosforilação oxidativa O-, C-fosforilação de compostos orgânicos por fosfina na presença de complexos Pt(IV) e Pt(II), oxidação de U(IV) a U(VI), utilizando o catalisador "Muhamedzhan- 1", "Gitel Publishing House, Inc.", Nova Iorque, 2011, 62 p.

[8] Aibassov Yerkin, Aibassova S.M. Nova reação de Arsine. Introdução à Química Orgânica do Arsénio, Actinídeos, Lantanídeos, Os187 e Re. "Gitel Publishing House, Inc.", Nova Iorque, 2011, 100 p.

[9] Aibassov Yerkin, Aibassova S.M. How to open a new chemical reaction, Almaty, 2011, 264 p.

[10] Aibassov Yerkin, Aibassova S.M. Oxidation of U(IV) and U(VI) in solutions using "Muhamedzhan-1" catalyst, Almaty, 2011, 250 p.

[11] Aibassov Yerkin, Baiguzhin A., etc. A termodinâmica química de compostos inorgânicos de urânio, "Infiniline" Publishing House, Inc.", Almaty, 2013, 210 p.

[12] Aibassov Yerkin, Baiguzhin A., etc. The Mechanisms named reactions in modern organic chemistry, "Infiniline" Publishing House, Inc.", Almaty, 2013, 410 p.

[13] Aibassov Yerkin, Baiguzhin A., etc. A procura de novas reacções na química organometálica do urânio, arsénio, antimónio e bismuto, "Infiniline" Publishing House, Inc.", Almaty, 2013, 230 p.

[14]   Aibassov Yerkin, Bulenbayev M., etc. As novas reações em química organometálica de catalisadores de arsénio, antimónio e bismuto e urânio, "Infiniline" Publishing House, Inc.", Almaty, 2014, 230 p.

[15]   Aibassov Yerkin, Yemelianova V., etc. Magnetic and relativistic effects in catalysis and uranium catalysts, "Infiniline" Publishing House, Inc.", Almaty, 2014, 184 p.

[16]   Aibassov Yerkin, Yemelianova V., etc. Spin Chemistry and Magnetic of Uranium-Thorium Catalysts, "Scientific & Academic Publishing", EUA, 2015, 232 p.

[17]   Aibassov Yerkin, Yemelianova V., etc. Reacções catalíticas de spin na presença de óxido nítrico e as novas reacções de arsénio, antimónio e bismuto, "Scientific & Academic Publishing", EUA, 2015, 346 p.

[18]   Aibassov Yerkin, Yemelianova V., etc. The Neutron Magnetic Isotope Catalysis and Fermi Surface, "Scientific & Academic Publishing", EUA, 2015, 164 p.

[19]   Aibassov Yerkin, Yemelianova V., etc. Os Complexos de Urânio de com DNA, "Scientific & Academic Publishing", EUA, 2015, 166 p.

[20]   Aibassov Yerkin, Savizky R., Yemelianova V. Magnetic effects in Brain Chemistry, "Scientific & Academic Publishing", EUA, 2015, 246 p.

[21]   Aibassov Yerkin, Como abrir uma nova reação ou equação química? Editora "Infiniline", Inc.", Almaty, 2016, 210 p.

[22]   Aibassov Yerkin, Yemelianova V., Introduction to Brain Chemistry, "Infiniline" Publishing House, Inc.", Almaty, 2016, 212 p.

[23]   Aibassov Yerkin, Yemelianova V., etc. Química orgânica e termodinâmica dos actinídeos (U, Th, Pu, Np, Am), "Infiniline" Publishing House, Inc.", Almaty, 2016, 220 p.

[24]   Aibassov Yerkin, Yemelianova V., etc. A procura de novas reacções catalíticas multicomponentes, "Scientific & Academic Publishing", EUA, 2016, 258 p.

[25]   Aibassov Yerkin, Yemelianova V., etc. "Química do cérebro, hiper-pensamento, consciência e comportamento", "Scientific & Academic Publishing", EUA, 2017, 240 p.

[26]   Aibassov Yerkin, Yemelianova V., etc. "Phylosphy of yper-Information, HyperThinking, Hyper-Consciousness and Behavior", "Scientific & Academic Publishing", EUA, 2018, 420 p.

[27]   Aibassov Yerkin, Yemelianova V., etc. "Efeitos magnéticos na química neuropsíquica", "Scientific & Academic Publishing", EUA, 2018, 290 p.

[28]   Aibassov Yerkin, Yemelianova V., etc. "Chemical Psychology", "Scientific & Academic Publishing", EUA, 2018, 290 p.

[29]   Aibassov Yerkin, Yemelianova V., etc. "Química da Consciência", Editora "Infiniline", Inc.", Almaty, 2016, 253 p.

[30]   Aibassov Yerkin, Yemelianova V., etc. "Química do Pensamento e da Consciência", "Scientific & Academic Publishing", EUA, 2019, 250 p.

[31]   Aibassov Yerkin, "Chemistry of Thinking and Consciousness", "Lambert Academic Publishing", EUA, 2020, 148 p.

[32]   Aibassov Yerkin, Tudor Spataru, "Social Chemistry", "Lambert Academic Publishing", EUA, 2022, 120 p.

[33]   Aibassov Yerkin, Tudor Spataru, Ruben Savizky, "A Consciência Obedece às Leis da Química", "Lambert Academic Publishing", EUA, 2022, 120 p.

[34]   Aibassov Yerkin, Tudor Spataru, Ruben Savizky, "A Consciência Obedece às Leis da Química", "Lambert Academic Publishing", EUA, 2022, 120 p.

[35]   Aibassov Yerkin, Tudor Spataru, Naizabaeva Marzhan, "Chemical Coding of Consciousness", "Lambert Academic Publishing", EUA, 2024, 232 p.

Fig. 1. Galymzhan Gabdreshov, Yerkin Aibassov e Nurbek Yensebayev em Nova Iorque, 2023.

Fig. 2. Galymzhan Gabdreshov e Nurbek Yensebayev na escola para cegos e deficientes visuais do Texas, EUA, 2023.

Fig. 3. Galymzhan Gabdreshov e Nurbek Yensebayev no Cazaquistão, 2022.
bdreshov e Nurbek Yensebayev no Cazaquistão, 2022.

Buy your books fast and straightforward online - at one of world's fastest growing online book stores! Environmentally sound due to Print-on-Demand technologies.

Buy your books online at
www.morebooks.shop

Compre os seus livros mais rápido e diretamente na internet, em uma das livrarias on-line com o maior crescimento no mundo! Produção que protege o meio ambiente através das tecnologias de impressão sob demanda.

Compre os seus livros on-line em
www.morebooks.shop

Printed by Books on Demand GmbH, Norderstedt / Germany